EL PRIMER ERROR DE EINSTEIN

Intervalo de tiempo

EVGENI BANTUTOV

ЕДБ

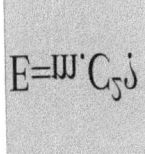

Copyright © 2022 Evgeni Bantutov

All rights reserved

The characters and events portrayed in this book are fictitious. Any similarity to real persons, living or dead, is coincidental and not intended by the author.

No part of this book may be reproduced, or stored in a retrieval system, or transmitted in any form or by any means, electronic, mechanical, photocopying, recording, or otherwise, without express written permission of the publisher.

Cover design by: АЕДБ

CONTENTS

Title Page
Copyright
1. Prefacio   1
2. Introducción   2
3. Descripción del problema   3
4. Solución al problema   56
5. Análisis 02.02.2022.   62
6 Análisis 22022022   68
7. Entorno de definición   70
8. Explicaciones al entorno de definición.   72
9. Conclusión   78

1. PREFACIO

Este libro se titula El primer error de Einstein. Está diseñado como una segunda edición y versión ampliada del libro "Einstein's Mistake". Se han editado partes sustanciales del texto principal y se han agregado tres nuevos capítulos.

2. INTRODUCCIÓN

La Teoría Especial de la Relatividad fue creada por Albert Einstein. Es una teoría del tiempo, el espacio y el movimiento.

Al crear la Teoría Especial de la Relatividad, Einstein usó relojes que miden el tiempo.

Estos relojes deben funcionar sincrónicamente. Para que funcionen sincrónicamente, deben sincronizarse de antemano. La sincronización de los relojes siempre se realiza mediante un método para verificar el funcionamiento sincrónico de los relojes.

El método utilizado por Albert Einstein es imposible. Cuando el método de Albert Einstein es imposible, entonces la Relatividad Especial también lo es.

Esto es lo que mostraremos en este libro.

Hay muchas figuras en el libro. A través de las figuras, se muestra y explica fácilmente el método a de Albert Einstein para comprobar el funcionamiento sincrónico de los relojes .

Cuando hay cifras, los lectores que no tienen una educación especial en física entienden de inmediato cuál fue el error de Albert Einstein.

El libro está hecho deliberadamente, para personas que no son especialistas en física, pero a las que les gusta pensar, analizar y buscar respuestas a preguntas físicas interesantes y misterios naturales.

3. DESCRIPCIÓN DEL PROBLEMA

En 1905, el artículo " Zur elek $_t$ rodynamik agente de mudanzas Kö rper " Annalen _ der Physik 1905 17, 891-921).

El autor es muy joven, y su nombre es Albert Einstein. Después de este artículo, se convirtió en un investigador de fama mundial.

El artículo consta de una introducción, dos partes y diez párrafos. Las cosas más importantes se dicen en las tres primeras páginas del artículo. En estas pocas páginas se muestran las ideas que forman la base de la Teoría Especial de la Relatividad. Estas ideas están sujetas a serias críticas y pueden ser objetadas.

La principal objeción es contra el método de sincronización de relojes de Albert Einstein.

Esto es lo que dice Einstein:

Si un reloj está ubicado en un punto en el espacio, entonces el observador ubicado en A **puede determinar la hora de los eventos directamente en** A. **Al preguntar por la coincidencia de la simultaneidad con estos eventos la posición de las manecillas del reloj. Si en otro punto** B **del espacio también hay un reloj, - podemos agregar, "un reloj con exactamente el mismo dispositivo que el que se encuentra en** A, **- entonces todavía es posible determinar la hora de los eventos en las inmediaciones, a partir de la uno ubicado en el** B **observador.**

Sin una suposición adicional, sin embargo, no es posible

comparar en el tiempo un evento en A, con un evento en B; hasta ahora hemos definido "tiempo A" y "tiempo B", pero no el general, para A y B "tiempo".

Podemos hacer esto último suponiendo por definición que el tiempo que tarda la luz en llegar desde A a B es igual al tiempo que tarda en llegar desde B a A. Sea precisamente en un instante t_A relativo al tiempo A, un rayo de luz se dirige de A a B, en un instante t_B relativo al tiempo B, se refleja de B a A, y en un instante t'_A relativo al "tiempo A", vuelve de nuevo a A. Por definición, dos relojes están sincronizados si:

$$t_B - t_A = t'_A - t_B$$

Este es el texto en el que Albert Einstein muestra su método para sincronizar dos relojes y demuestra que estos dos relojes funcionan sincronizados. El método de Einstein se explica y comprende fácilmente mediante el uso de un ejemplo numérico.

Por ejemplo, un observador A envía un pulso de luz a las ocho de la mañana. Las ocho en punto es un momento en el tiempo t_A.

$$t_A = 8$$

Si los dos relojes están sincronizados, el reloj del observador B también debería marcar las ocho en punto.

El comienzo del pulso de luz llega al punto B, y luego el reloj del observador ubicado en el punto B, marca las diez en punto. Las diez en punto es un momento del tiempo. t_B

$$t_B = 10$$

Si los dos relojes están sincronizados, el reloj del observador A también debería marcar las diez en punto.

El rayo se refleja desde el punto B y regresa a un observador A a las doce en punto. Las doce en punto es un momento del tiempo t'_A.

$$t'_A = 12$$

Si los dos relojes están sincronizados, el reloj en el punto B, también debería mostrar las doce en punto.

El pulso de luz recorre la distancia de A a B en dos horas y recorre la distancia inversa, de B a A, de nuevo en dos horas.

Según la definición de Einstein, dos relojes están sincronizados si:

$$t_B - t_A = t'_A - t_B$$

En la fórmula de Einstein, reemplazamos los momentos de tiempo con sus valores numéricos, y obtenemos la expresión:

10-8=12-10

Se obtiene:

2=2.

La igualdad es verdadera, por lo tanto los relojes están sincronizados. Todo es muy simple y el lector está convencido de que cualquier comentario es innecesario.

Desafortunadamente, esto no es verdad.

Ahora usted y yo, querido lector, analizaremos cuidadosamente el método de Albert Einstein.

Albert Einstein dice lo siguiente:

Sea precisamente en un momento t_A relativo al "tiempo A" que un rayo de luz se dirige de A a B, en un momento t_B relativo al "tiempo B", se refleja de B a A, y en un momento t'_A relativo al "tiempo A", vuelve a A.

De lo dicho se sigue que cuando el rayo llega al punto B, debe reflejarse desde el punto B, y empezar a moverse en sentido contrario, al punto A. Albert Einstein no explicó cómo se refleja un haz de luz. Einstein no mostró una forma específica en la que la luz se reflejaría y comenzaría a moverse de un punto B a otro A.

Todos sabemos que la forma más fácil de reflejar la luz es a través de un espejo.

Por ejemplo, en el artículo de G. B. Malinin ("Sobre las posibilidades de prueba experimental del segundo postulado de la teoría especial de la relatividad" Uspekhi fiziziknih Nauk, 2004, volumen 174.) está escrito que el reflejo de la luz se lleva a cabo por un espejo.

Por lo tanto, también decidimos usar un espejo. Para ello colocamos un espejo en el punto B. La superficie reflectante del espejo se dirige hacia el punto A.

Para que quede bien claro, véase la Figura 1.

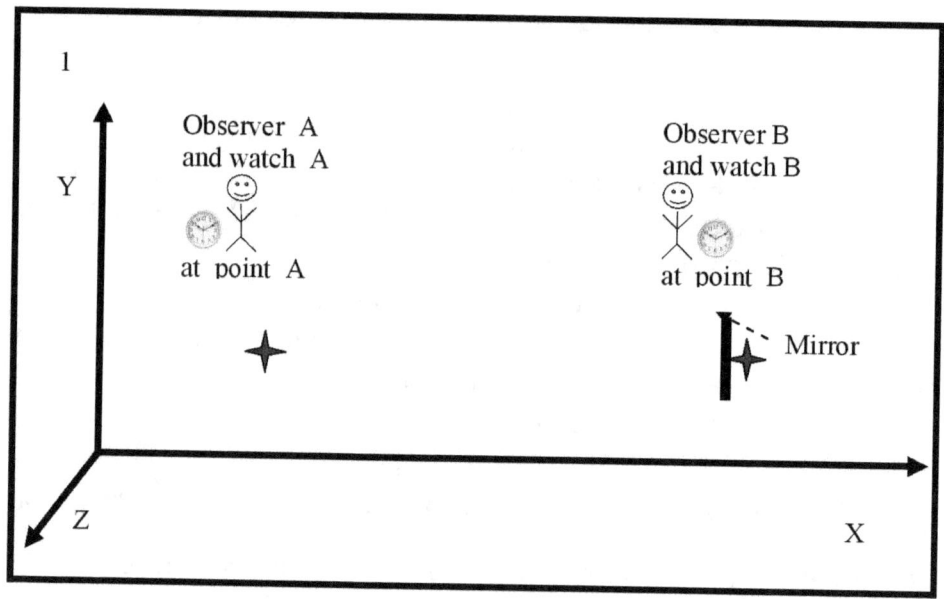

La Figura 1 muestra:

Sistema de coordenadas XYZ.

Punto A donde se ubica un observador A que está provisto de un reloj A.

Punto B donde se ubica un observador B que está provisto de un reloj B. Se coloca un espejo frente al punto B, que puede reflejar un haz de luz.

punto A y el punto B están marcados con el símbolo "✦".

Los relojes en punto A y punto B son iguales. Cuando los relojes son iguales, se supone que miden el mismo tiempo.

observador A no sabe cómo se mueven las manecillas del

reloj de un observador B.

Por el contrario, un observador B no sabe cómo se mueven las manecillas del reloj de un observador A. Los relojes deben estar sincronizados.

Albert Einstein propuso sincronizar el movimiento de las manecillas de los dos relojes mediante el uso de un haz de luz. El método de Albert Einstein dice que un observador A envía un rayo de luz a un observador B. Se puede utilizar un láser.

Consulte la figura 2.

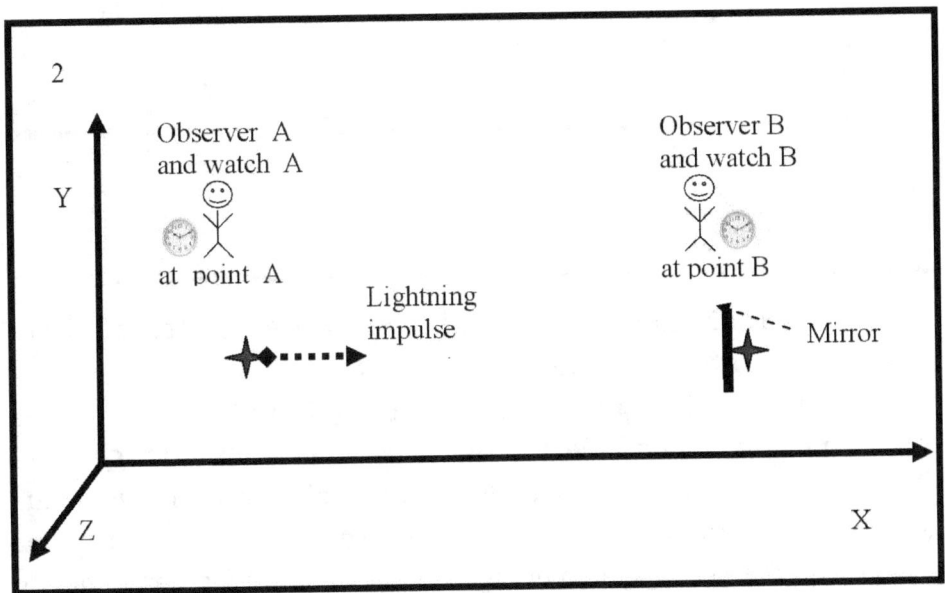

La Figura 2 muestra un pulso de luz láser.

Un pulso de luz tiene un principio y un final. La aparición del comienzo del pulso de luz es un evento que sucede en un momento en el tiempo t_A. El observador A determina el momento en el tiempo t_A por medio de su reloj, que se encuentra en las inmediaciones de un punto A. El observador en un punto A recuerda que el evento "aparición del comienzo del pulso de luz" ocurrió en un punto en el tiempo t_A.

El pulso de luz comienza a moverse hacia el observador que se encuentra en el punto B.

Ver figura 3.

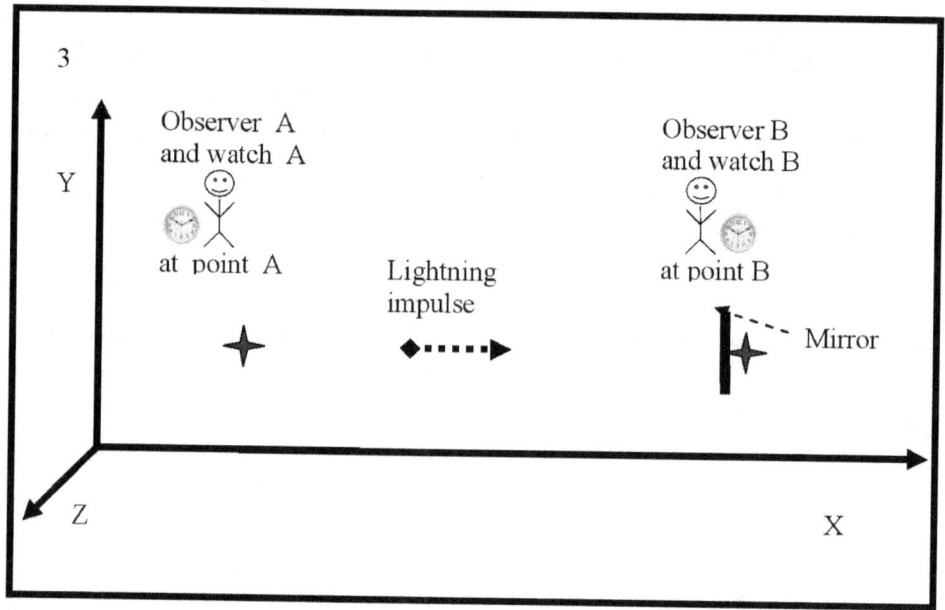

La figura 3 muestra que el pulso de luz se encuentra en algún lugar entre punto A y punto B.

El observador que se encuentra en el punto A, no puede observar el movimiento del haz de luz. Pero, el observador que está ubicado en el punto A, sabe (tiene información) que el rayo de luz se está moviendo hacia el observador ubicado en el punto B, y que el rayo de luz se reflejará en el espejo (que está ubicado en el punto B), y regresará señalar $A\_$

El observador en el punto A, observa atentamente las lecturas de su reloj y espera el regreso del haz de luz, de regreso al punto A.

El pulso de luz llega al punto B.

Consulte la figura 4.

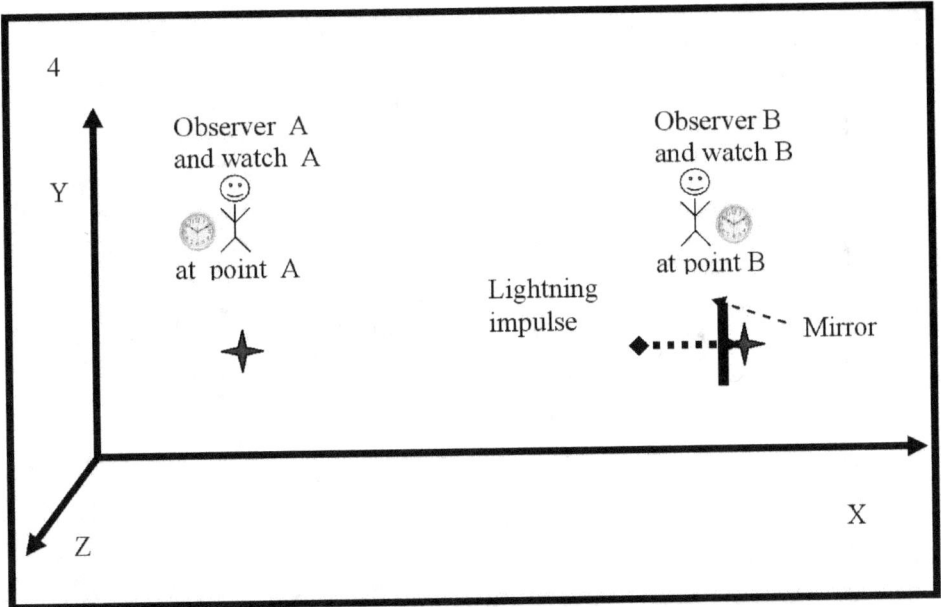

La figura 4 muestra que el observador en un punto B nota la llegada del pulso de luz y lo ve reflejado por el espejo. La llegada del rayo de luz a un punto B y el reflejo del rayo de luz en el espejo son dos eventos que ocurren en el mismo momento t_B.

Ver figura 5.

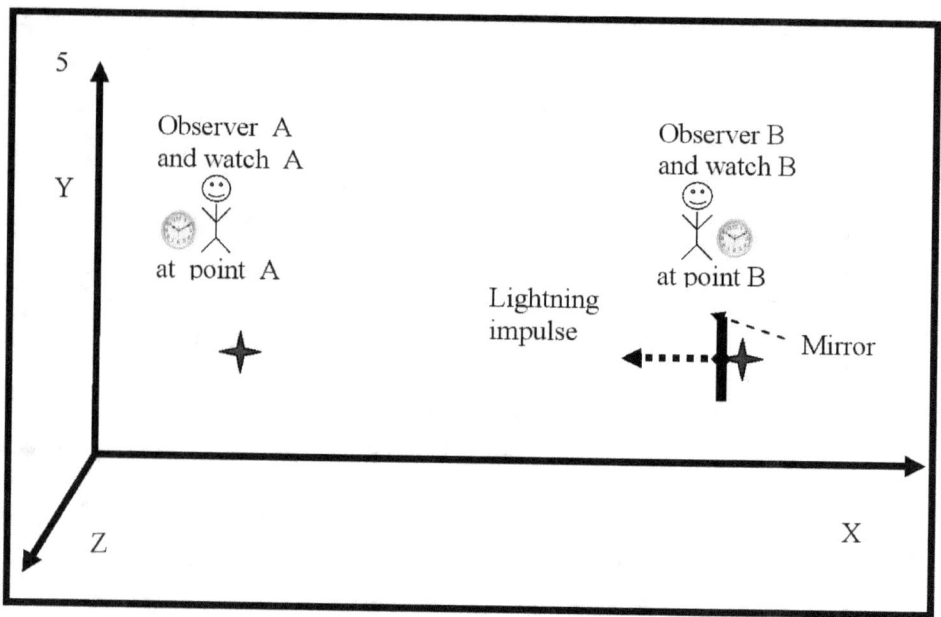

La Figura 5 muestra la llegada y reflexión del pulso de luz. El observador en un punto B nota que estos dos eventos, llegada y reflexión, ocurren en el mismo instante en el tiempo t_B. El momento del tiempo t_B, es registrado por las lecturas de las manecillas del reloj, del observador en el punto B. El observador, que se encuentra en el punto B, recuerda que la llegada y reflexión del haz de luz se produce en un momento del tiempo t_B.

El pulso de luz se refleja en el espejo y viaja de regreso al punto A donde se encuentra el observador A.

Ver figura 6.

EL PRIMER ERROR DE EINSTEIN

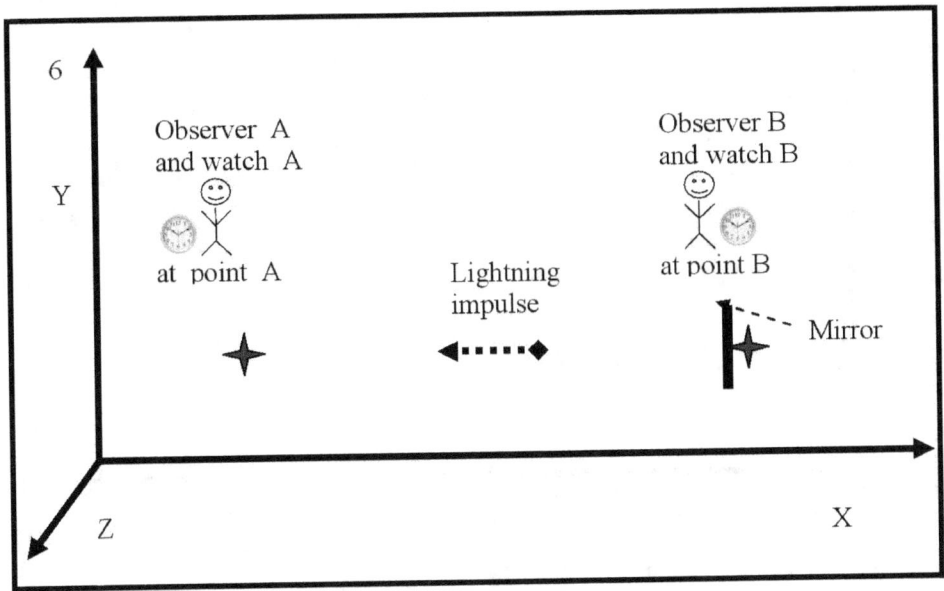

La figura 6 muestra que el pulso de luz está ubicado en algún lugar entre el punto A y el punto B. El observador en el punto A, y el observador en el punto B, no pueden observar el movimiento del pulso de luz, pero saben que el pulso se mueve de un punto B a otro. A

El pulso de luz llega al punto A.
Ver figura 7.

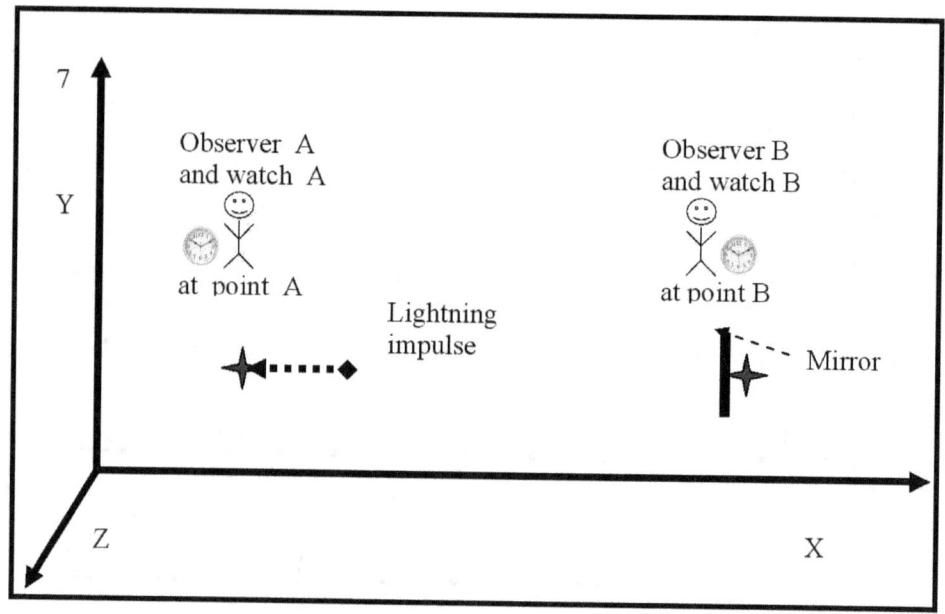

La figura 7 muestra que la llegada del pulso al punto A, es un evento que ocurre. El observador en el punto A nota que la llegada del pulso de luz ocurre en un momento en el tiempo t'_A. La medida del momento del tiempo t'_A se realiza mediante las lecturas del reloj, que se encuentra en el punto A. El observador en un punto A recuerda el instante de tiempo t'_A, porque el instante de tiempo t'_A, es necesario para sincronizar los dos relojes.

Después de realizar el experimento mental, surgen cuatro resultados importantes.

Primer resultado importante:

El observador en un punto A conoce **el** valor numérico del tiempo t_A en que el pulso de luz salió del punto A y **conoce** el valor numérico del tiempo t'_A en que el pulso de luz regresó al punto A.

Un segundo resultado importante:

El observador en un punto A no **conoce** el valor numérico del instante de tiempo t_B en que el pulso de luz llegó al punto B.

Un tercer resultado importante:

El observador en el punto B **sabe** que el pulso de luz ha llegado a un punto B, en un momento en el tiempo t_B, registrado por un reloj B.

Cuarto resultado importante:

El observador en un punto B no **conoce** el valor numérico del instante de tiempo t_A en que el pulso de luz salió del punto A, y **no conoce** el valor numérico del instante de tiempo t'_A en que el pulso de luz volvió al punto A.

Para que los dos relojes se sincronicen según, se debe cumplir la condición:

$$t_B - t_A = t'_A - t_B$$

Para escribir la expresión matemática, al menos uno de los dos observadores, ya sea el observador ubicado en el punto A, o el observador ubicado en el punto B, debe **saber los tres valores numéricos,** en los momentos de tiempo t_A, t_B y t'_A.

Desafortunadamente, ninguno de los dos observadores, el primero ubicado en el punto A, y el segundo ubicado en el punto B, **conoce los tres valores numéricos de los** instantes de tiempo t_A, t_B y t'_A.

Consulte la figura 8.

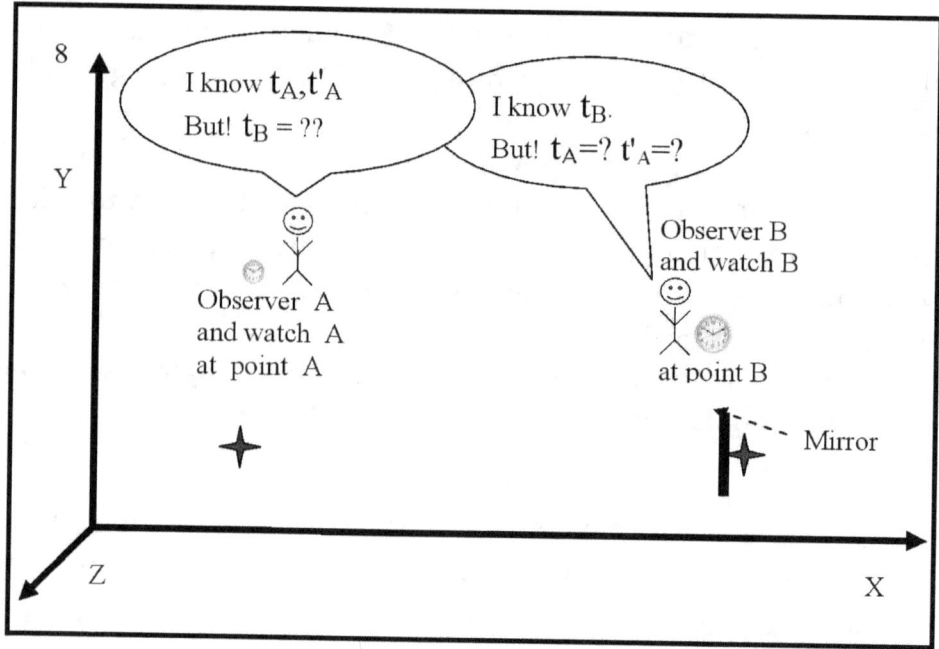

La Figura 8 muestra que entonces ninguno de los observadores, el primero ubicado en el punto A, y el segundo ubicado en el punto B, puede escribir la expresión matemática

$$t_B - t_A = t'_A - t'_B$$

por el cual se determinan los intervalos de tiempo.

Dado que la expresión matemática no se puede escribir, se deduce que los observadores no pueden calcular los dos intervalos de tiempo. Si los observadores no pueden calcular los dos intervalos de tiempo, no pueden sincronizar los dos relojes.

Hicimos un análisis, y el resultado del análisis es que Albert Einstein cometió un terrible error, y su método para probar el funcionamiento sincrónico de dos relojes estaba equivocado.

Plantea la pregunta, ¿realmente Albert Einstein cometió un error? ¿Quizás nosotros, en nuestro análisis, hemos confundido algo?

Nuestro análisis y la conclusión a la que llegamos son correctos. Si el método de Albert Einstein usara un espejo para reflejar el pulso de luz, los relojes no podrían sincronizarse.

El problema es que Albert Einstein no explicó en detalle, en detalle, cómo funciona el sistema mental. un experimento. Los detalles son muy importantes cuando se realiza un experimento mental, pero desafortunadamente Albert Einstein no prestó atención a este hecho.

En esta situación, tenemos que pensar y considerar lo que quería decir Albert Einstein. Cuando entendemos la idea de Albert Einstein, tenemos que cambiar la forma, el método de sincronizar los dos relojes, y analizar los resultados nuevamente.

Ya hemos entendido que el observador situado en el punto A, conoce t_A, y t'_A, pero no conoce el instante de tiempo t_B, y no puede calcular los dos intervalos de tiempo y demostrar que son iguales.

Surge la pregunta: ¿cómo A entenderá el observador en el punto el valor numérico del momento t_B?

El observador A puede comprender el valor numérico del momento de veme t_B, del reloj ubicado en un punto B, al observar directamente la esfera del reloj ubicado en un punto B. ¿Quizás fue idea de Albert Einstein? Si es así, entonces el haz de luz enviado del observador A al observador B debe iluminar la esfera del reloj ubicada en el punto B y ser reflejado por la esfera del reloj B. La luz que se refleja en la esfera de un reloj B regresará a un observador A, y el observador A verá las manecillas de un reloj B. Entonces en el punto B, no debe haber ningún espejo. Se debe colocar un reloj de observador en lugar del espejo B.

Ahora mostraremos, a través de varias figuras, en detalle y en detalle, paso a paso, la esencia del nuevo experimento mental.

Consulte la Figura 9.

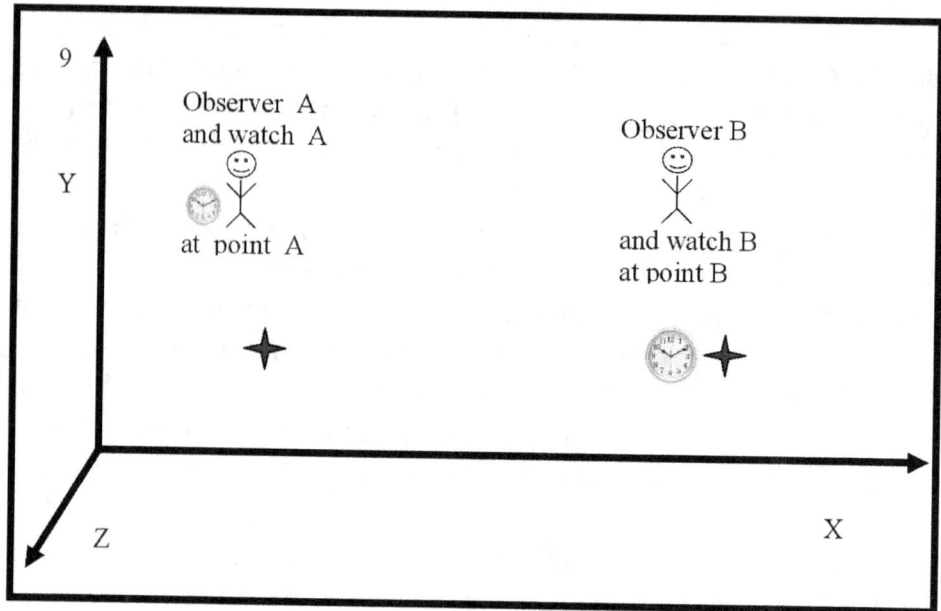

En la Figura 9, se muestran los dos observadores. El primer observador se encuentra en las inmediaciones del punto A. Al lado del observador hay un reloj A. El segundo observador se encuentra en las inmediaciones del punto B. El reloj de un B observador se encuentra frente a un punto B. El reloj del observador B se encuentra en lugar del espejo. La esfera del reloj B está dirigida hacia un observador A. Cuando la esfera de un reloj B apunta a un punto A, el pulso de luz iluminará la esfera y se reflejará hacia un observador A.

El nuevo experimento se lleva a cabo de una manera diferente. Las condiciones iniciales son diferentes. La principal diferencia es que el observador ubicado en el punto A, debe ver la colocación de las manecillas del reloj que se encuentra en el punto B. Esto sucederá cuando el comienzo del rayo de luz llegue a un reloj B e ilumine la esfera de un reloj B y se refleje hacia un observador A y llegue a un observador A.

En el momento de la iluminación, las flechas mostrarán el valor numérico del momento en el tiempo t_B.

Surge la pregunta: ¿cómo se puede hacer para que un

observador A pueda ver el momento exacto de iluminación de la esfera de un reloj B?

La respuesta es fácil. Esto significa que el experimento debe realizarse en la oscuridad. Por lo tanto, cuando llevamos a cabo el experimento mental, "apagamos las luces".

Consulte la figura 10.

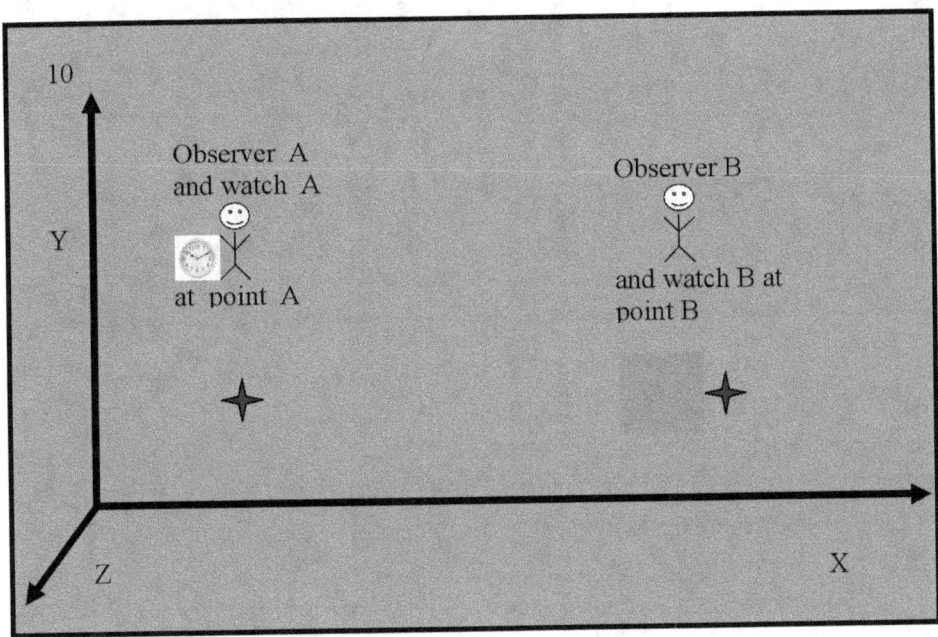

La figura 10 muestra que el observador ubicado en el punto A, ve las manecillas de su reloj A, que está levemente iluminado, pero no ve las manecillas del reloj ubicado en el punto B, porque está oscuro.

El observador situado en un punto B no ve las manecillas de su reloj B.

Un observador A envía un haz de luz a un observador B.

Ver figura 11 _

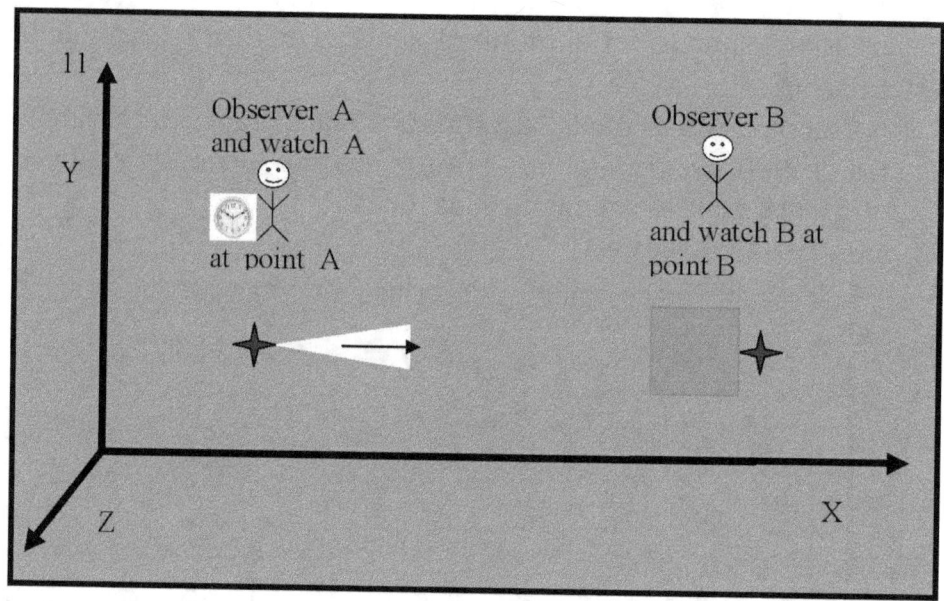

La figura 11 muestra que la fuente del pulso de luz proviene de una linterna que apunta al reloj B.

Debemos recordar que cuando se realizó el primer experimento mental, la fuente del pulso de luz era un láser. La diferencia entre el pulso de luz de un láser y el pulso de luz de una linterna es un factor muy importante.

El comienzo del rayo láser se refleja en el espejo y rebota. El inicio del rayo láser no lleva información sobre la lectura del reloj en el punto B. El comienzo del haz de luz de la linterna, cuando se refleja en un reloj B, lleva información sobre las lecturas del reloj en el punto B.

Veremos que es esta diferencia, entre la luz del láser y la luz de la linterna, lo que cambia el método de sincronización de los dos relojes.

El inicio del pulso de luz es un evento que ocurre en un punto en el tiempo t_A. El observador A determina el momento en el tiempo t_A a través de su reloj, que se encuentra en las inmediaciones del punto A. El observador en el punto A recuerda que el evento "aparición del comienzo del pulso de luz" ocurrió en un momento en el tiempo t_A.

El rayo de luz comienza a moverse hacia el observador, que está ubicado en el punto B. El origen del rayo de luz está ubicado en algún lugar entre el punto A y el punto B.

Ver figura.12.

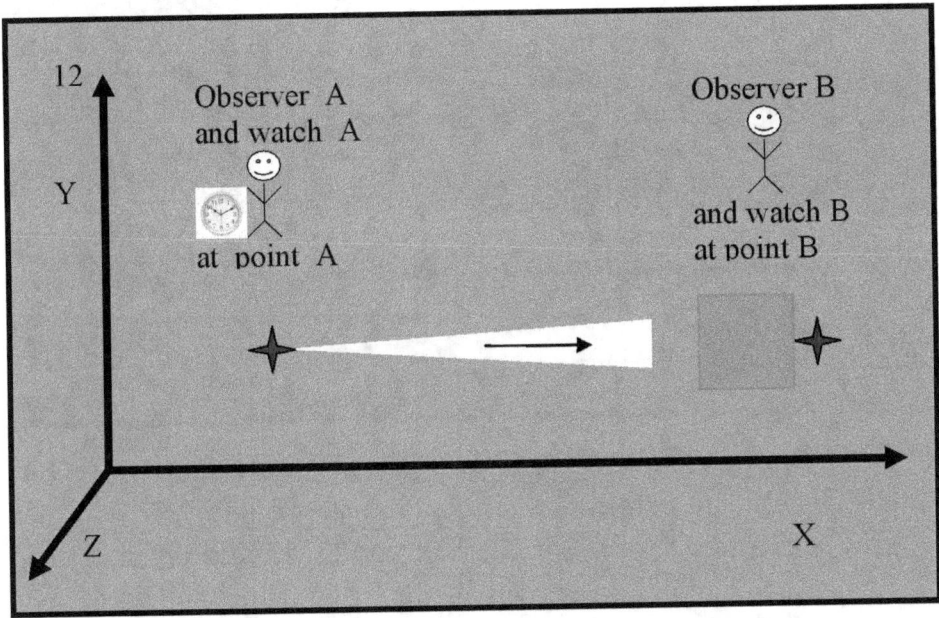

La figura 12 muestra que el observador en el punto A, no puede observar el movimiento del origen del haz de luz. Pero el observador, que está ubicado en el punto A, tiene información de que el comienzo del rayo de luz se está moviendo hacia el observador ubicado en el punto B y que el comienzo del rayo de luz se reflejará en la esfera del reloj ubicada en el punto B y que regresará al punto A.

El comienzo del haz de luz llega al punto B e ilumina la esfera del reloj, que se coloca frente al punto B.

Ver figura 13

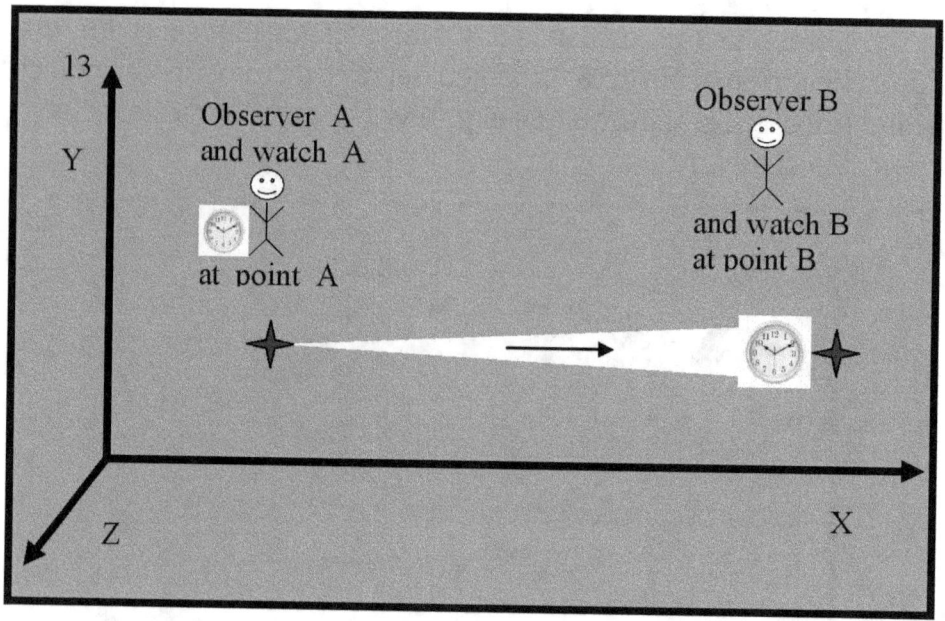

La figura 13 muestra que cuando el borde delantero del haz de luz ilumina la esfera del reloj B, el observador en el punto B verá la esfera del reloj B. El observador situado en un punto B verá la colocación de las manecillas del reloj B. Las flechas mostrarán el momento del tiempo t_B.

La llegada del rayo de luz al punto B, la iluminación de la esfera del reloj y el reflejo del rayo de luz del reloj son tres eventos que ocurren en el mismo momento t_B. El observador en un punto B nota que estos tres eventos, a saber, llegada, iluminación y reflexión, ocurren en el mismo momento en el tiempo t_B. El observador que se ubica en un punto B recuerda que la llegada, iluminación y reflexión del haz de luz se dan en un momento del tiempo t_B.

Es muy importante comprender y recordar que cuando el observador ubicado en un punto B ve las manecillas del reloj iluminado ubicadas en un punto B que indica el momento t_B, en ese mismo momento el t_B observador ubicado en un punto A no ve las manecillas del reloj ubicado en un punto B El observador A mira el reloj B, pero ve oscuridad. Esto se debe a que el haz de luz

que refleja el reloj B aún no ha llegado al observador A.
Consulte la Figura 14.

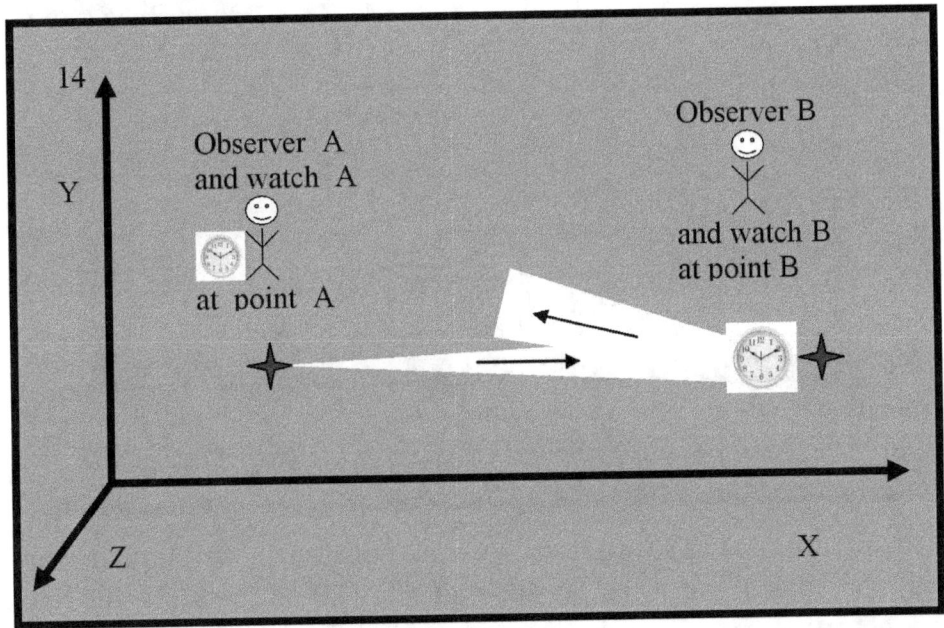

La figura 14 muestra que el origen del haz de luz está en algún lugar entre los dos observadores.

Cuando el haz reflejado llega a un observador A, sólo entonces verá la iluminación del reloj en el punto B.

Una vez más diré que el reflejo del haz de luz del dial del reloj ubicado en el punto B, es un elemento muy importante del experimento que estamos realizando. El reflejo de un rayo de luz de la esfera de un reloj es fundamentalmente diferente en comparación con el reflejo de un rayo láser de un espejo.

Esto se debe a que, después de la reflexión de la esfera del reloj B, el comienzo del haz de luz lleva la imagen luminosa de la esfera del reloj iluminada ubicada en el punto B.

Consulte la figura 15.

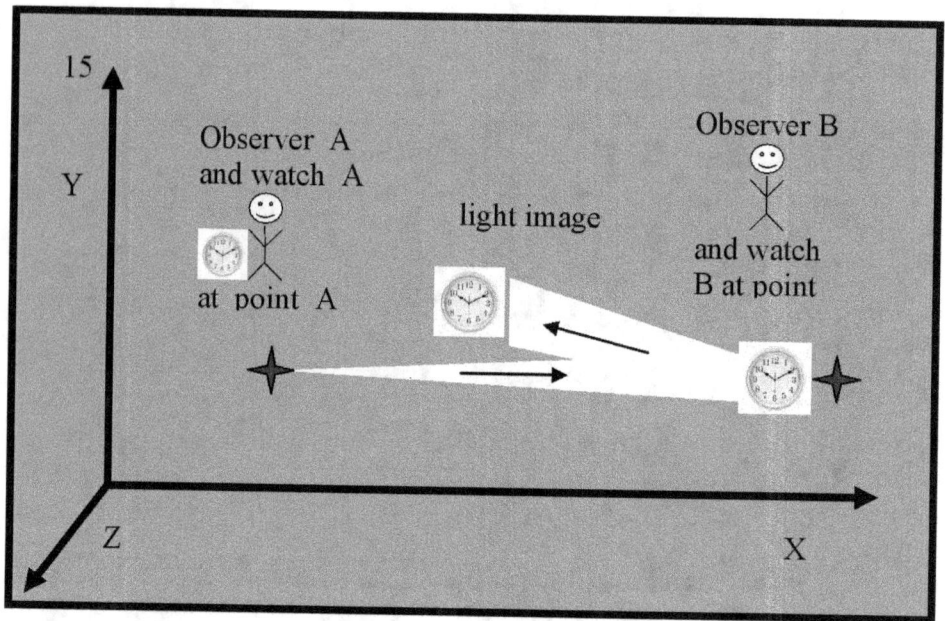

La figura 15 muestra que el comienzo del haz de luz ha "recordado" cómo están posicionadas las manecillas del reloj en el punto B. Esta es la principal diferencia entre los dos experimentos mentales que estamos analizando. En el primer experimento, el pulso de luz procedía de un láser que se reflejaba en un espejo y no transmitía una imagen de luz. El pulso de luz láser reflejado es un destello de luz simple.

Este hecho es muy importante, por eso se debe entender y recordar que en el segundo experimento, el comienzo de un haz de luz lleva *información* sobre la ubicación de las manecillas del reloj ubicadas en el punto B. Esta es *información* sobre el valor numérico cuantitativo de un momento en el tiempo t_B.

El pulso de luz se encuentra en algún lugar entre punto A y punto B. El observador en el punto A, y el observador en el punto B, no pueden observar el movimiento del pulso de luz, pero saben que el pulso se mueve de un punto B a otro A y que lleva la imagen de luz de la esfera iluminada del reloj ubicada en el punto B.

Consulte la figura 16.

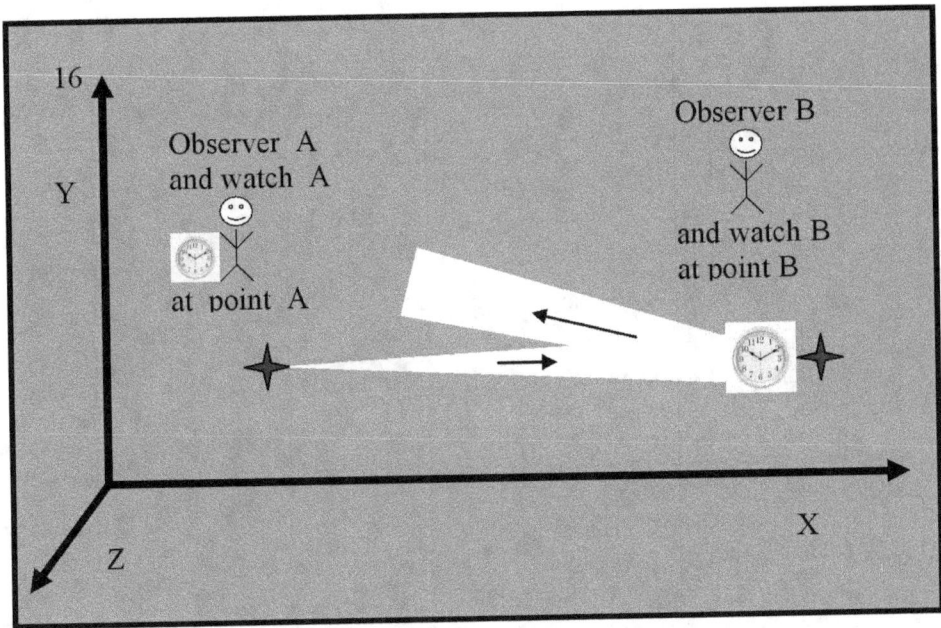

En la Figura 16, no se muestra la imagen luminosa de la carátula del reloj iluminada ubicada en el punto B, pero los observadores ya sabemos que está ahí.

El pulso de luz llega al punto A.

Consulte la Figura 17.

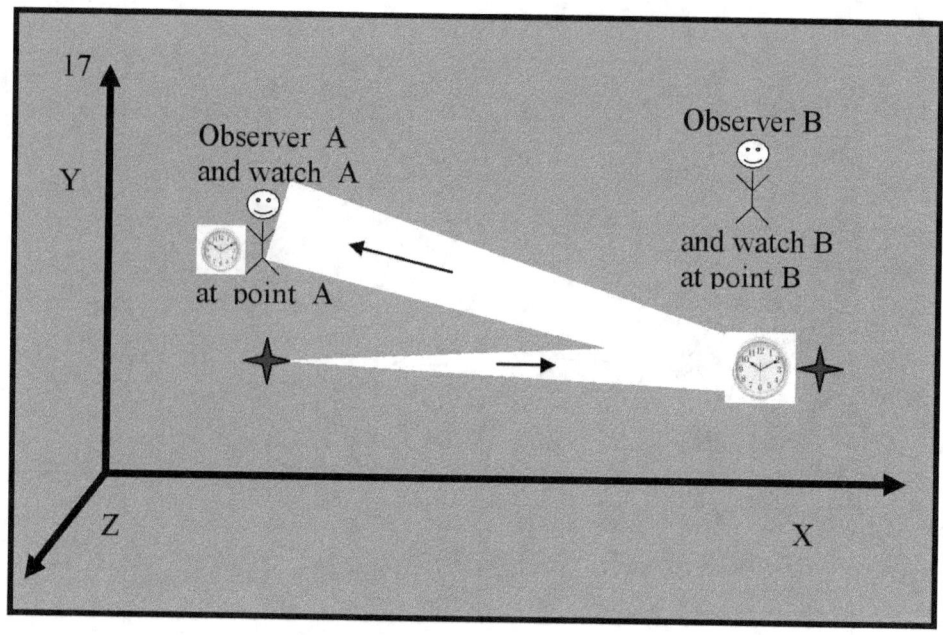

La figura 17 muestra que cuando el pulso de luz llega a un observador A, verá la imagen de luz de la esfera del reloj ubicada en el punto B. El comienzo del pulso de luz indica la posición de las manecillas del reloj en el punto B. La posición de las manecillas de un reloj B indica el momento en el tiempo t_B. Cuando el observador ubicado en el punto A, ve la posición de las manecillas de un reloj B, aceptará **información** sobre el valor cuantitativo, que es el valor numérico del instante de tiempo t_B.

Esto está sucediendo ahora mismo t'_A. El abanico en punto A señala que la llegada del pulso de luz, y la recepción de la información, se produce a la hora t'_A. La medida del momento en el tiempo t'_A se cuenta por las lecturas del reloj, que se encuentra en el punto A. El observador en el punto A recuerda el momento en el tiempo t'_A porque el momento en el tiempo t'_A es necesario para poder sincronizar los dos relojes

Lo que dijimos es muy importante. Debe entenderse y recordarse que:

En un punto en el tiempo t'_A, un observador A **recibe información de tiempo** t_B.

El experimento mental de sincronizar los dos relojes está completo. Después de realizar el experimento mental, el observador A y el observador B reciben los siguientes resultados:

Resultados del observador B:

Primero.

El observador en un punto B sabe que el pulso de luz llegó al punto B, en un instante de tiempo t_B, y se reflejó en el espejo en un instante de tiempo t_B, registrado por su reloj.

Segundo.

El observador en un punto B no conoce el valor numérico del instante de tiempo t_A en que el pulso de luz salió del punto A, y no conoce el valor numérico del instante de tiempo t'_A en que el pulso de luz volvió al punto A. Para que los dos relojes estén sincronizados (según Albert Einstein), se debe cumplir la condición:

$$t_B - t_A = t'_A - t_B$$

Para poder escribir la expresión matemática, el observador ubicado en el punto B, debe conocer los tres valores numéricos de los momentos de tiempo t_A, t_B y t'_A.

Un observador B no conoce los tres valores numéricos de los instantes de tiempo t_A, t_B y t'_A. Por lo tanto, un observador B no puede sincronizar los dos relojes.

Resultados del observador A:

El observador en un punto A conoce el valor numérico del tiempo t_A en que el pulso de luz salió del punto A.

El observador en un punto A conoce el valor numérico del

instante de tiempo t_B en que el pulso de luz llegó al punto B.

El observador en un punto A conoce el valor numérico del tiempo t'_A en que el pulso de luz volvió al punto A.

Albert Einstein dijo que para que los dos relojes estén sincronizados, se debe cumplir la condición:

$$t_B - t_A = t'_A - t_B$$

Un observador A conoce los tres valores numéricos de los instantes de tiempo t_A, t_B y t'_A.

El observador A escribe la ecuación, la resuelve, y según Albert Einstein eso es suficiente, y los relojes están sincronizados. El experimento que estamos realizando ha finalizado con éxito.

¿Es realmente así?

¡La respuesta a esta pregunta es no!

La conclusión de que el experimento se completó con éxito no es cierta. Ahora mostraremos que los relojes pueden no estar sincronizados.

Según el método de Albert Einstein, el instante de tiempo t_B, debe estar en la mitad del intervalo, entre t_A y t'_A, y entonces los relojes se sincronizan. Recordemos el experimento con los números específicos de los momentos del tiempo:

De ocho a diez son las dos en punto, y de diez a doce son las dos en punto. Diez está en el medio del intervalo de ocho a doce, y luego los relojes se sincronizan. Para Albert Einstein, esto es lo más importante.

Pero afirmamos que:

Diez pueden **estar** en el medio del intervalo, y los relojes **pueden no están** sincronizados.

Y eso:

Diez pueden **no estar** en la mitad del intervalo, y los relojes **están** sincronizados.

¿Qué es este misterio y cómo es esto posible?

Es posible porque olvidamos un dato muy importante:

En un punto en el tiempo t'_A, un observador A recibe información sobre el punto en el tiempo t_B de **otro reloj**.

Obtener **información de** tiempo t_B de **otro reloj** cambia todo el método de sincronización.

Escribiremos el ejemplo numérico una vez más.

El pulso de luz comienza a las ocho, **según ambos relojes**, llega a las diez, **según ambos relojes,** y regresa a las doce, **según ambos relojes**.

La más importante se concentra en el término " **según los dos relojes** ".

Esto significa que un observador, A o un observador B, debe **ver una coincidencia de la ocurrencia de eventos**. Hay tres partidos.

Primer partido:

Coincidencia del evento que ocurre en el momento de las ocho en punto según A, con el evento que ocurre en el momento de las ocho en punto según B.

Segundo partido:

Coincidencia del evento que ocurre en el momento de las diez en punto según A, con el evento que ocurre en el momento de las diez en punto según B.

Tercer partido:

Coincidencia del evento, que ocurre en un momento a las doce en punto según A, con el evento que ocurre en un momento a las doce en punto según B.

Si un observador, A o vigilante B, no puede ver las tres coincidencias de eventos, los relojes no pueden sincronizarse.

Afirmamos que:

Cuando un observador A, o un observador B, recibe **información** sobre la ocurrencia de un evento, entonces el observador no puede observar la **coincidencia** de la ocurrencia de este evento con la ocurrencia de otro evento.

La coincidencia de suceder es posible solo y solo con **"directo" monitoreo** _ Surge aquí una pregunta muy importante: ¿qué significa **observación directa** ? Einstein no hizo esta pregunta y no analizó el fenómeno de **la "observación directa"**. El análisis es necesario, especialmente cuando se trata de la ciencia de la Mecánica Cuántica, donde los momentos de tiempo son muy cercanos entre sí y los intervalos de tiempo son muy pequeños.

En resumen, el observador no puede sincronizar los dos relojes.

Ahora volveremos a realizar el experimento, con cuidado, sin prisas, y haremos un análisis detallado.

Para que quede claro, véase la figura 18.

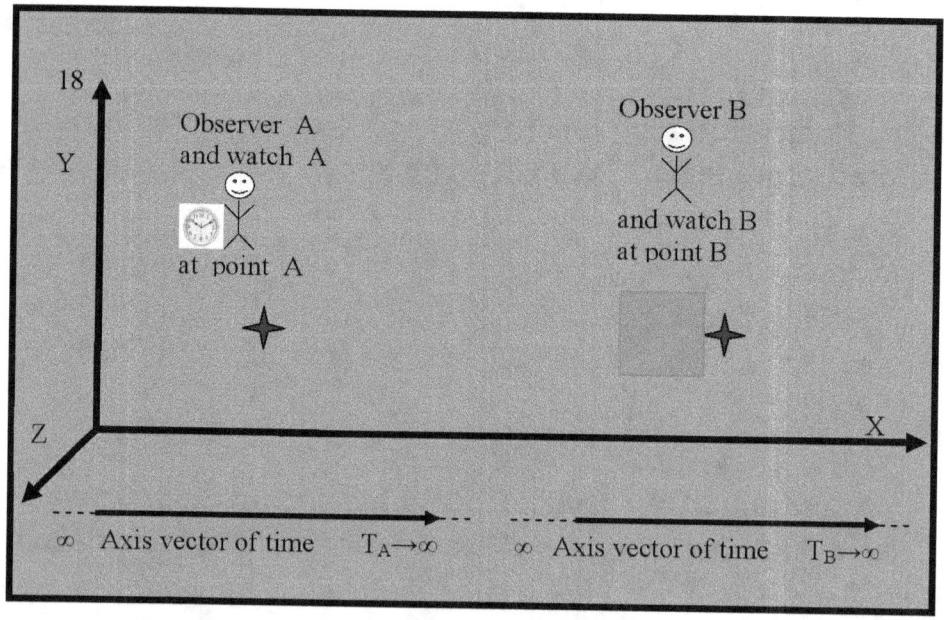

En la figura 18, se muestra un observador A que ve un reloj A pero no ve un reloj B porque el reloj B no está iluminado. Un observador B ubicado en el punto B, que no ve un reloj B porque el reloj B no está iluminado.

En la parte inferior de la figura se muestran dos vectores. Estos son ejes de coordenadas de tiempo. El eje de tiempo izquierdo que se muestra de acuerdo con la figura muestra cómo cambia la hora del reloj A, el derecho muestra cómo cambia la hora del reloj B. Los dos ejes del tiempo comenzaron su comienzo, en el infinito pasado lejano, y seguirán creciendo, en el infinito futuro lejano. Los dos ejes de tiempo son independientes entre sí porque son de dos relojes independientes, reloj A y reloj B. En los ejes marcaremos los instantes de tiempo de clock A y clock B.

De esta forma, compararemos los momentos de tiempo entre observador A y observador B. Podremos entender qué momento en el tiempo ve un observador A cuando un observador B mira su reloj y, a la inversa, qué momento ve un observador B cuando un observador A ve su reloj.

Un observador A envía un haz de luz a un observador B.

La fuente del haz de luz proviene de una linterna, que apunta al reloj ubicado en el punto B.

La aparición del comienzo del rayo de luz es un evento que ocurre en un momento dado t_A. El observador A determina el momento del tiempo t_A por medio de su reloj, que se encuentra muy cerca del punto A.

El valor numérico del instante de tiempo t_A, se muestra en el eje de coordenadas del vector tiempo, de un reloj A. El observador en un punto A recuerda que el evento "aparición del comienzo del pulso de luz" ocurrió en un punto en el tiempo t_A.

Consulte la Figura 19.

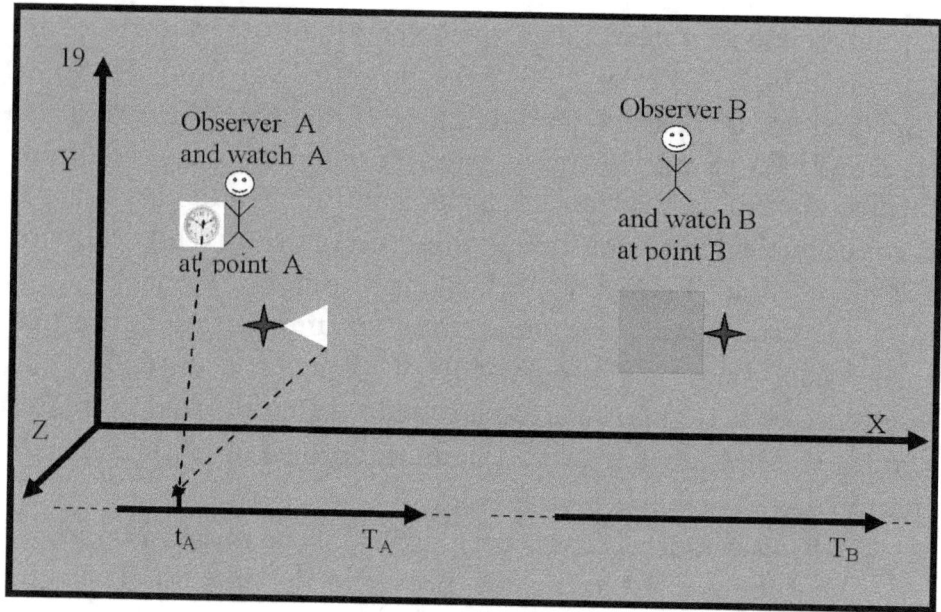

En la Figura 19 se aprecian dos flechas discontinuas que señalan el instante de tiempo t_A. La primera flecha es del reloj A, a la hora actual t_A. Esta es la lectura del reloj A. La segunda flecha comienza desde el comienzo del haz de luz y termina t_A e indica que el comienzo del haz de luz apareció en el momento del tiempo t_A.

Cuando el reloj de un observador A muestra la hora t_A, entonces el reloj del observador B mostrará una hora propia, que indicamos con el símbolo t_{BA}.

Ver Figura 20

EL PRIMER ERROR DE EINSTEIN

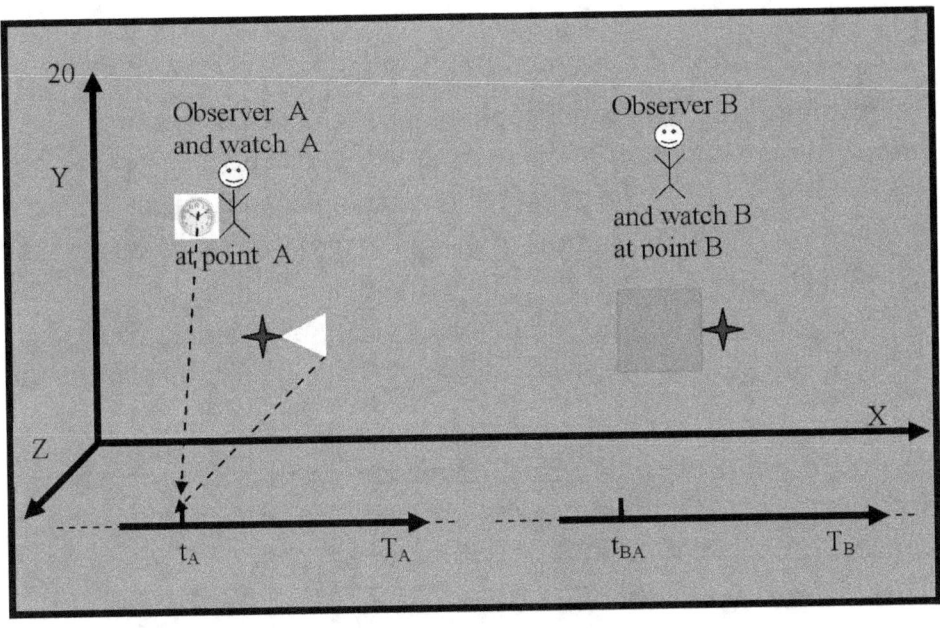

La figura 20 muestra el instante de tiempo t_{BA}, que está en el vector T_B, del reloj B. Si suponemos que el reloj B y el reloj A miden y muestran la misma hora, entonces el instante de tiempo t_A debe ser igual al instante de tiempo t_{BA}.

Surgen dos preguntas.

La primera pregunta es:

¿Puede un observador A saber que el instante de tiempo t_A medido por su reloj A es igual al instante de tiempo t_{BA} medido por un reloj B?

La respuesta es no. Esto se debe a que un observador A está mirando el reloj B, pero allí está oscuro. Está oscuro porque la esfera del reloj B no está iluminada por el haz de luz. Cuando el haz de luz llega a un reloj B, se refleja en la esfera del reloj B y regresa a un observador A, solo entonces el observador A verá el instante de tiempo t_{BA} en el reloj B. Cuando un observador A ve momento t_{BA} de la hora del reloj B, mirará su reloj y comparará

t_{BA} la hora del reloj con la B hora de su reloj A. Su reloj A mostrará alguna otra hora que no es igual a la hora actual t_{BA}. Esto se debe a que la luz viaja a una velocidad de trescientos mil kilómetros por segundo y recorre la distancia de un punto B a otro A en un intervalo de tiempo real. Este intervalo real es un retraso que muestra el reloj A.

Observador A, no puede observar la ocurrencia de los dos eventos, no puede observar la ocurrencia de los instantes de tiempo, no puede comparar los dos instantes de tiempo t_A y t_{BA} no puede observar una coincidencia de eventos que ocurren, y no puede afirmar inequívocamente que de esta manera, él, el observador, sincroniza los dos relojes.

La segunda pregunta es:

¿Puede un observador B saber que t_A es igual a t_{BA}?

La respuesta es no. Esto es imposible porque un observador B ve el reloj de un observador A que está ligeramente iluminado, pero no ve el evento de "salir el rayo de luz" del punto A, porque el comienzo del rayo de luz todavía está en algún lugar entre punto A y punto B.

El comienzo del haz de luz y la lectura del reloj A, para el instante de tiempo t t_A, se mueven juntos.

Consulte la figura 21.

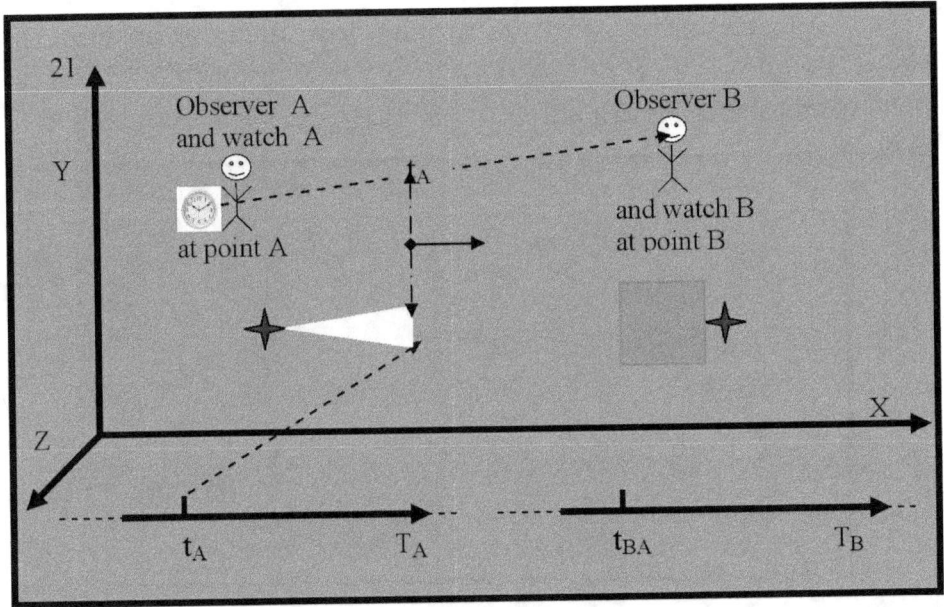

La figura 21 muestra que la imagen luminosa del reloj A se mueve sobre la flecha discontinua que conecta el reloj A con el observador B.

Un observador B verá el evento de "salida del haz de luz" solo cuando el comienzo del haz de luz llegue a un observador B e ilumine la esfera de un reloj B.

Lo importante es que un observador B no puede ver la coincidencia del evento "momento de tiempo t_A en el reloj A" con el evento "momento de tiempo t_{BA} en el reloj B".

El observador B no puede decir si t_A es igual a t_{BA}, y no puede determinar el instante de tiempo t_{BA}.

El momento del tiempo t_{BA} no puede ser determinado por los dos observadores. Por lo tanto, en las siguientes figuras, el instante de tiempo t_{BA} no se muestra en el vector de tiempo del reloj B.

En esta etapa del experimento, los observadores no pueden sincronizar los dos relojes.

El pulso de luz continúa moviéndose hacia el observador que se encuentra en el punto B.

Consulte la Figura 22.

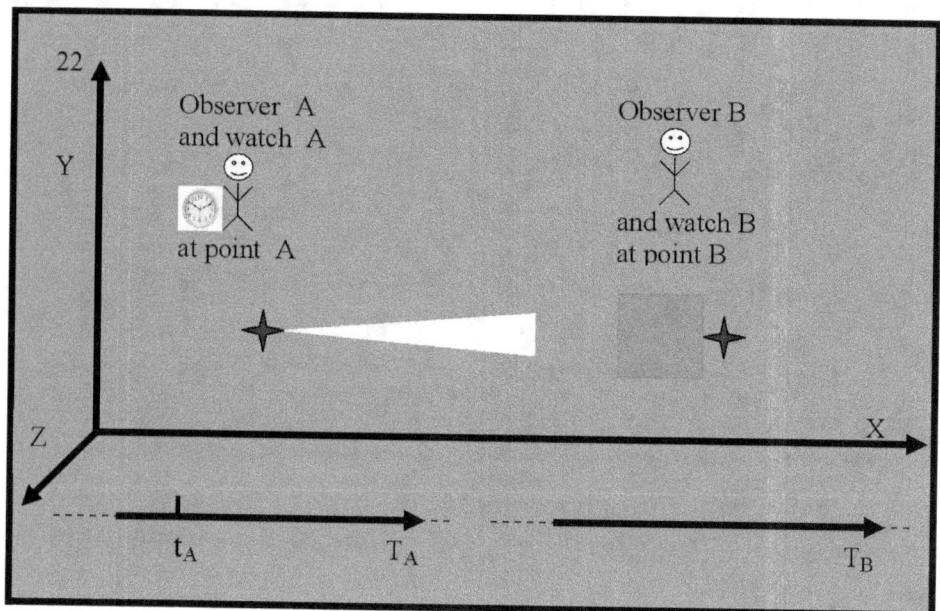

La figura 22 muestra que el origen del pulso de luz se encuentra en algún lugar entre punto A y punto B. Un observador A y un observador B no pueden observar el movimiento del comienzo del pulso de luz. Pero, un observador B y un observador A saben que el origen del pulso de luz se mueve hacia el punto B. Tienen **información de** que el rayo se está moviendo.

El comienzo del haz de luz llega a un punto B e ilumina la esfera del reloj B. El observador en el punto B, mira la esfera iluminada del reloj y ve que, según su reloj, el valor numérico del instante de tiempo es t_B.

Ver figura 23.

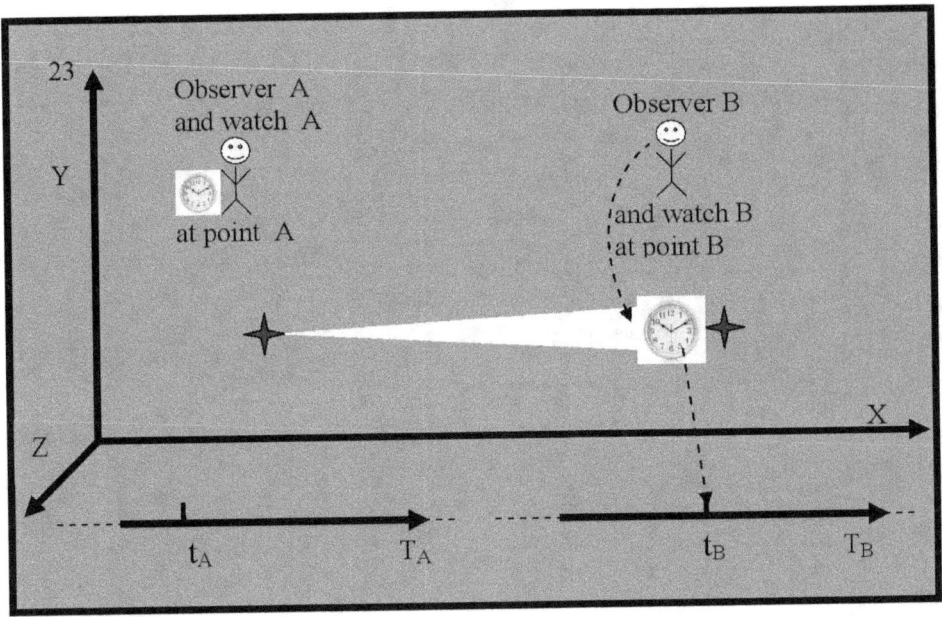

En la Figura 23, el instante de tiempo t_B, se muestra en el eje de tiempo de un reloj B.

Cuando un observador B, ver las manecillas de un reloj B, que indican el instante de tiempo t_B, las manecillas del reloj de un observador A, indicarán algún instante de tiempo t_{AB}.

Ver figura 24.

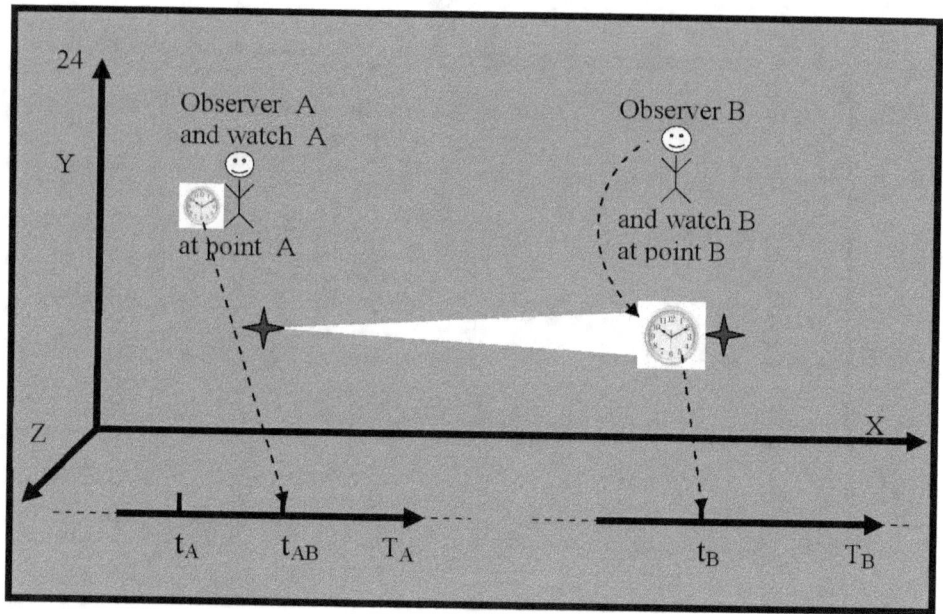

En la Figura 24, una flecha discontinua indica el instante de tiempo t_{AB} en el reloj A.

Si suponemos que el reloj B y el reloj A miden y muestran la misma hora, entonces, el instante de tiempo t_B, debe ser igual al instante de tiempo t_{AB}.

Surgen dos preguntas.

La primera pregunta es:

¿Puede un observador B, entender que, t_B es igual a t_{AB}, y ver una coincidencia del evento "ocurriendo en un momento en el tiempo t_B" con el evento "ocurriendo en un momento en el tiempo t_{AB}"?

La respuesta es no. Un observador B no puede ver las lecturas de las manecillas del reloj de un observador A que indican un momento en el tiempo t_{AB}.

Ver figura 25

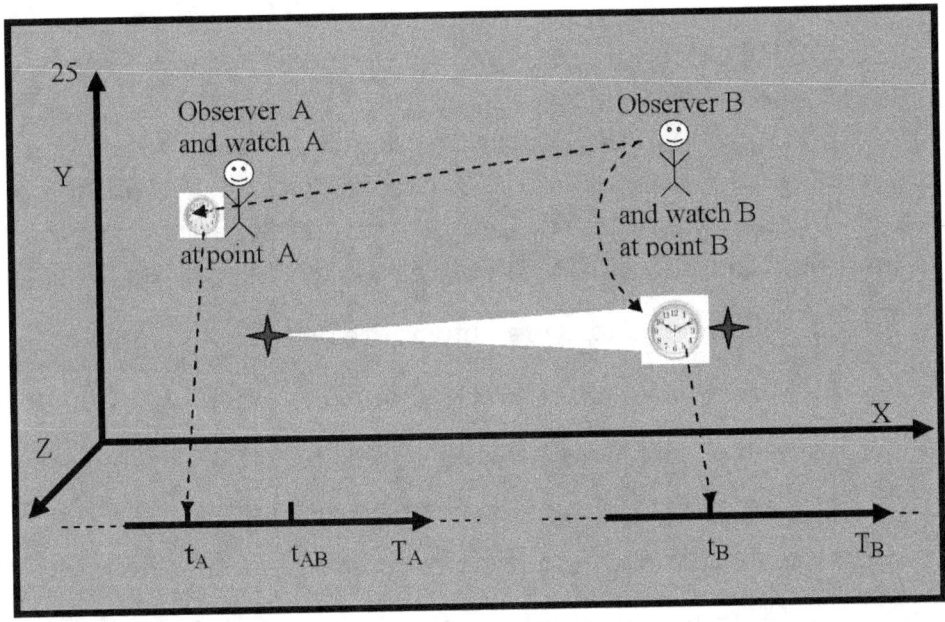

La figura 25 muestra que un observador B verá las lecturas de las manecillas de un reloj A, que indicarán un momento en el tiempo t_A. Esto se debe a que cuando un observador B mira el reloj de un observador A, verá la imagen luminosa de un reloj A. Ya hemos explicado que es luz que se refleja en la esfera de un reloj A y lleva información sobre las lecturas de las manecillas de un reloj A. La imagen de luz de un reloj A se mueve junto con el comienzo del pulso de luz. El comienzo del pulso y la imagen llegarán a un punto B juntos, y esto ocurrirá en un instante de tiempo t_B medido por un reloj B.

En resumen, cuando el pulso de luz ilumina un reloj B, un observador B verá en su reloj B un momento en el tiempo t_B y verá en un reloj A un momento en el tiempo t_A. En este punto de nuestro experimento, el observador B no puede probar que los relojes están sincronizados.

La segunda pregunta es:

¿Puede un observador A saber que el instante de tiempo

t_{AB} medido por su reloj A es igual al instante de tiempo t_B medido por un reloj B?

La respuesta es no. Esto se debe a que un observador A está mirando el reloj B, pero allí está oscuro. Está oscuro porque el haz de luz reflejado aún no ha llegado a un observador A. Observa la figura 23. Cuando el haz de luz regresa al observador A, solo entonces A el observador verá el instante de tiempo t_B en el reloj B. Cuando un observador A ve el instante de tiempo t_B en un reloj B, mirará a su propio clock, y comparará la hora t_B del reloj B con la hora de su propio reloj A. El reloj de un observador A mostrará un instante de tiempo t'_A que no es igual al instante de tiempo t_B y que no es igual al instante de tiempo t_{AB}. Un observador A no puede ver la coincidencia del evento de tiempo de reloj t_B con el B evento de t_{AB} tiempo de reloj A. Esto se debe a que la luz viaja a una velocidad de trescientos mil kilómetros por segundo y recorre la distancia de un punto B a otro A en un intervalo de tiempo real. Este intervalo real es un retraso que cuenta el reloj A. Un observador A no puede determinar la hora t_{AB} y no puede sincronizar los dos relojes.

En esta etapa del experimento, los observadores no A pueden B sincronizar los dos relojes.

El comienzo del haz de luz se refleja en la esfera de un reloj B y comienza a moverse hacia un observador A.

Ver figura 26.

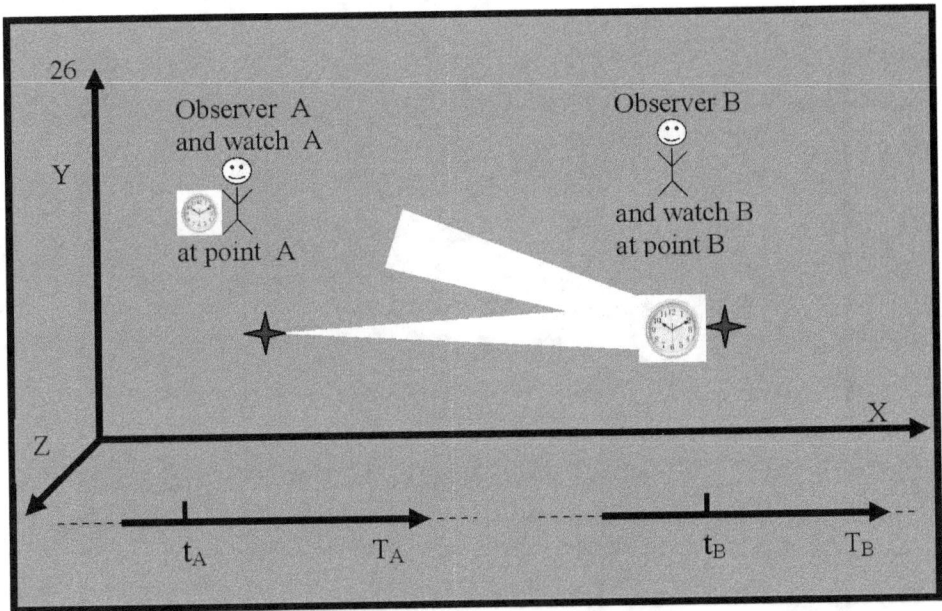

En la Figura 26, se puede ver que la hora A no se muestra en el eje de tiempo de un reloj t_{AB}, porque no está definido.

El comienzo del haz de luz lleva información sobre las lecturas de las manecillas de un reloj B.

El comienzo del rayo de luz llega a un observador A,

Ver figura 27.

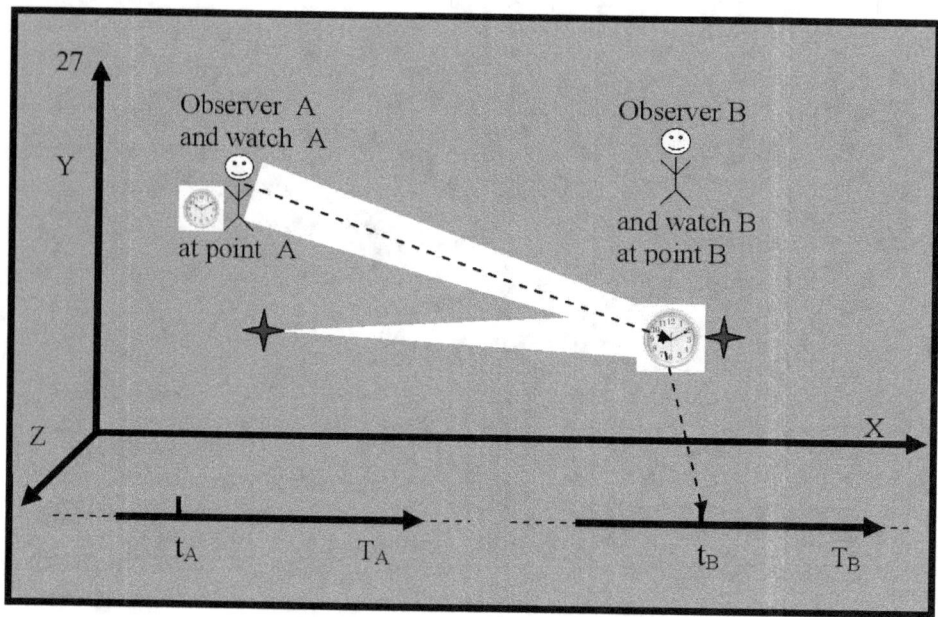

La figura 27 muestra que un observador A ve la imagen luminosa de la esfera de un reloj B y las lecturas de las manecillas de un reloj B que indican un momento en el tiempo t_B.

observador A que mira su reloj ve que esto sucede en un momento en el tiempo t'_A.

Ver figura 28.

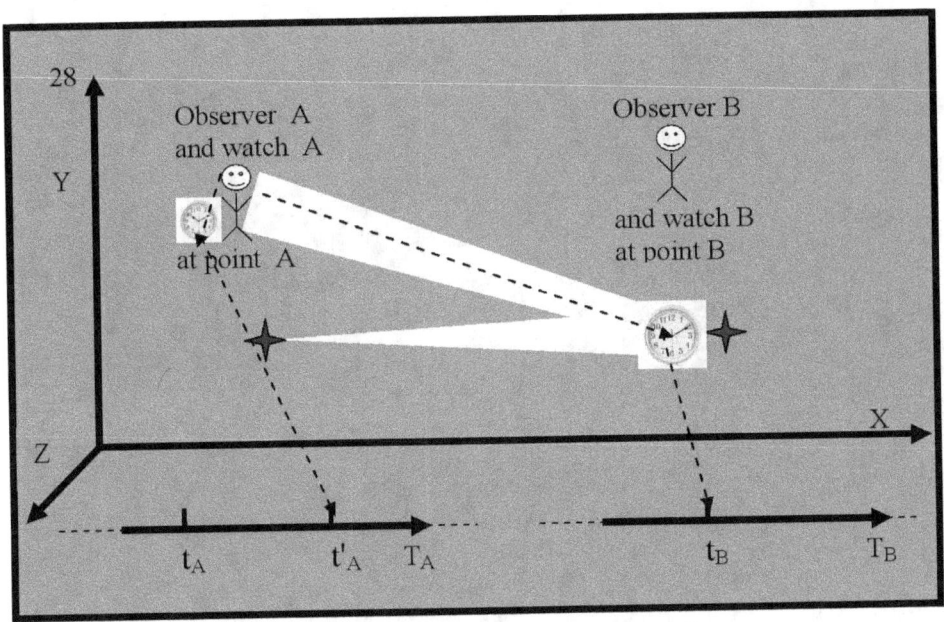

Cuando un observador A ve las lecturas de las manecillas de su reloj A que indican un punto en el tiempo t'_A, las manecillas de un reloj B apuntarán a algún punto en el tiempo t_{BA}.

Consulte la Figura 29.

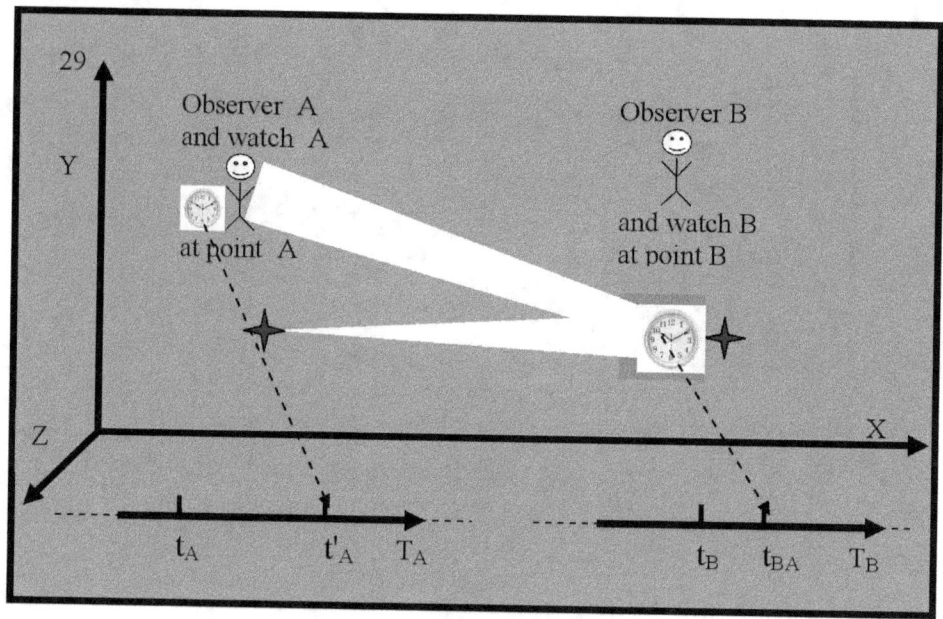

La Figura 29 muestra lo que ve un observador A según su reloj, y lo que ve un observador B según su reloj.

Si suponemos que los relojes funcionan sincrónicamente, entonces el instante de tiempo t_{BA} debe ser igual al instante de tiempo t'_A.

Surgen dos preguntas.

La primera pregunta es:

¿Puede un observador A saber que el instante de tiempo t'_A medido por su reloj A es igual al instante de tiempo t_{BA} medido por el reloj B?

La respuesta es no.

Esto se debe a que un observador A mira un reloj B, pero allí ve un momento en el tiempo t_B, a través del cual un observador A determina el tiempo t'_A. La imagen luminosa de las lecturas de las manecillas de un reloj B, que muestran el momento en el tiempo t_{BA}, está en un reloj B.

Cuando la imagen luminosa de las lecturas de las manecillas

de un reloj B, que indican el momento del tiempo t_{BA}, se devuelve a un observador A, sólo entonces A el observador verá el momento del tiempo t_{BA} en el reloj B. Pero cuando esto suceda, el reloj A mostrará una hora completamente diferente. El observador A no puede ver **la coincidencia del** momento del evento en el tiempo t'_A con el momento del evento en el tiempo t_{BA}.

Un observador A no puede decir y probar que los relojes están sincronizados.

La segunda pregunta es:

¿Puede un observador B saber de alguna manera que el instante de tiempo t_{BA} medido por un reloj B es igual al instante de tiempo t'_A medido por un reloj A?

La respuesta es no.

Esto se debe a que un observador B mira el reloj A y verá las manecillas del reloj A, que indicarán un tiempo t_{AB} que es diferente del tiempo t'_A. El valor numérico del instante de tiempo t_{AB} estará entre el instante de tiempo t_A y el instante de tiempo t'_A.

Consulte la figura 30.

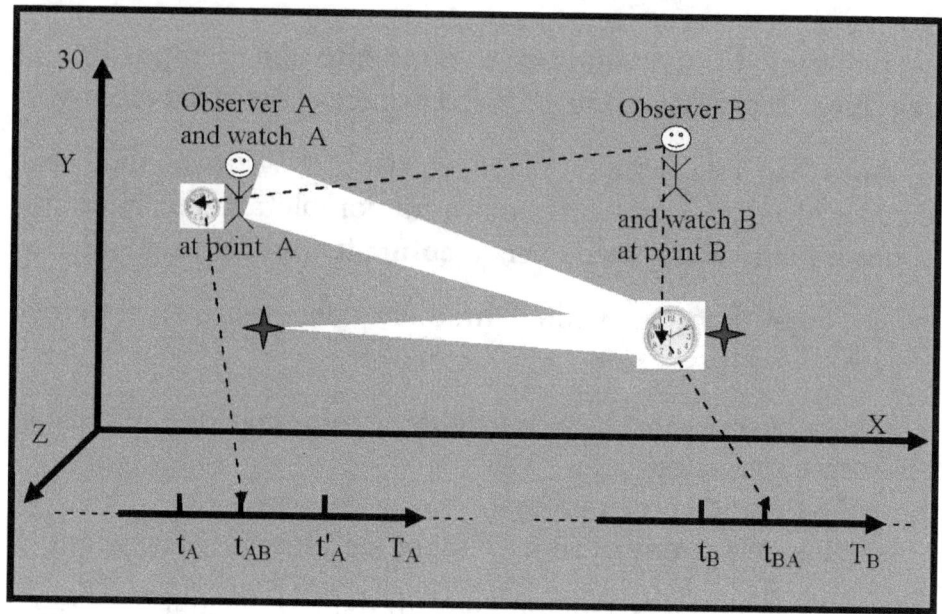

La figura 30 muestra lo que vería un observador B. En un reloj A, verá un momento en el tiempo t_{AB}, en un reloj B, verá un momento en el tiempo t_{BA}. El momento en el tiempo t_{AB} es diferente del momento en el tiempo t_{BA}.

Completamos el segundo experimento, que realizamos en la oscuridad. En detalle y en detalle, analizamos el movimiento del haz de luz y entendimos la forma en que se cuentan los momentos de tiempo en los dos relojes. Resumiremos los resultados.

Consulte la figura 31.

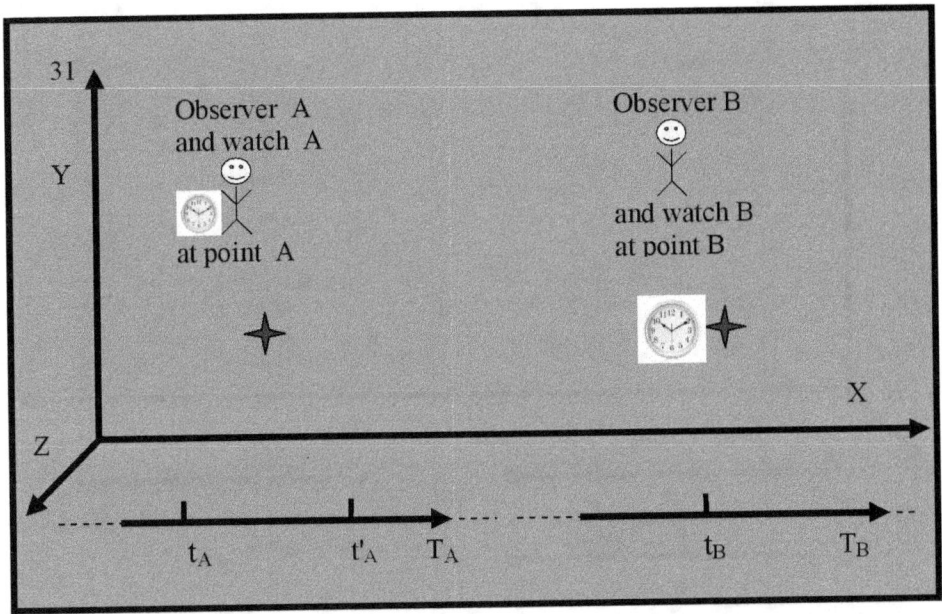

En la figura 31, se muestra qué momentos de tiempo vio un observador A, a través de su reloj, y qué momentos de tiempo vio un observador B, a través de su reloj.

Un observador B vio en su reloj un momento en el tiempo t_B cuando se iluminó la esfera de un reloj B.

observador A vio en su reloj un momento del tiempo t_A: la aparición del rayo de luz, un momento del tiempo, el t'_A regreso del rayo de luz y el momento del tiempo t_B de un reloj B.

Mostraremos este hecho en la siguiente figura y analizaremos la "luz".

Consulte la figura 32.

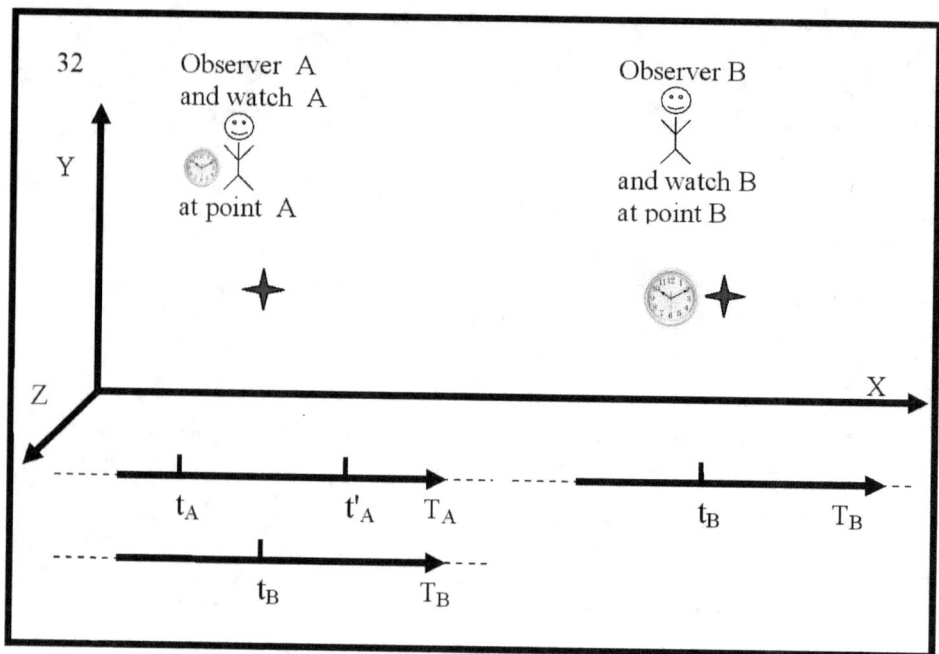

En la figura 32 se puede observar que debajo de un observador B se muestra un vector de tiempo con un instante de tiempo t_B visto por un observador B.

Debajo del observador A se muestran dos vectores de tiempo y los instantes de tiempo que el observador ha visto A. El segundo vector es el de un observador B. De esta manera, se pueden comparar los dos vectores y los momentos en ellos.

Un instante de tiempo t_B que está sobre un vector T_B no se puede colocar sobre el vector de tiempo t_A. Esto se debe a que los dos vectores son de dos relojes diferentes y son independientes. Esto es muy importante y debe ser recordado. En los libros de física muestran un vector de tiempo, y en ese vector muestran el tiempo de muchos relojes diferentes. Eso es un error. Cada reloj individual debe tener su propio vector de tiempo. De esta manera, los análisis de tiempo son verdaderos y claros.

Cuando los relojes funcionan sincrónicamente, deben mostrar los mismos instantes de tiempo.

Ver figura 33.

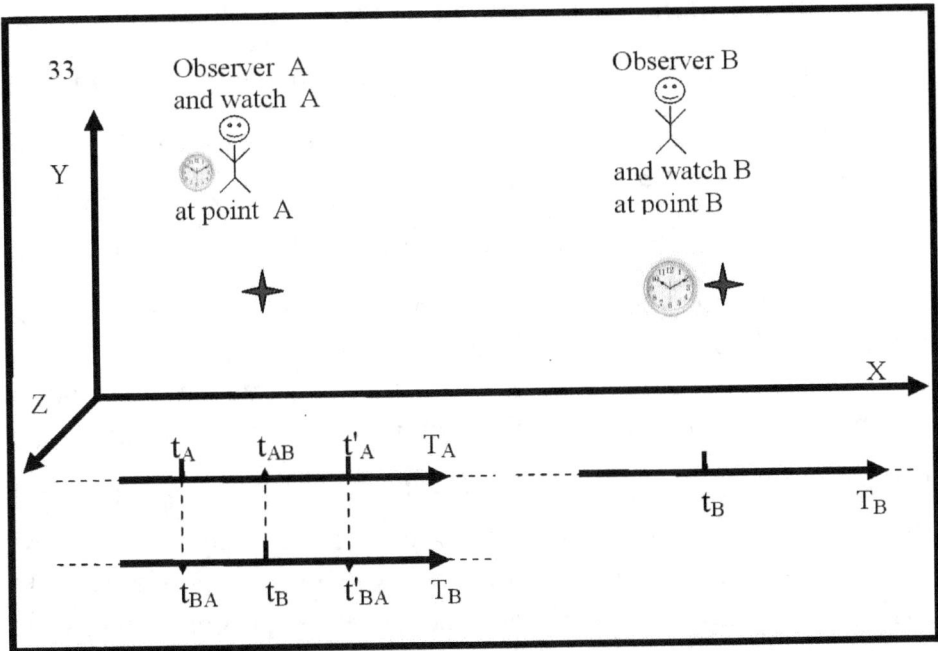

La Figura 33 muestra que entre los dos vectores de tiempo T_A y T_B se insertan flechas discontinuas. Las flechas muestran la relación entre los diferentes momentos de tiempo en los dos relojes.

Cuando un reloj A muestra un momento en el tiempo t_A, entonces un reloj B muestra un momento en el tiempo t_{BA}.

Mira la figura 33.

El valor numérico de un momento en el tiempo t_A debe ser igual al valor numérico de un momento en el tiempo t_{BA}. Esta igualdad es **la primera condición necesaria** para demostrar que los relojes están sincronizados. Esto significa que un observador A debe haber visto la coincidencia de estos dos eventos. Coincidencia del momento del evento en el tiempo t_A con el momento del evento en el tiempo t_{BA}. En el análisis que hicimos, mostramos y probamos que un observador A no puede ver, y no puede probar, la coincidencia de estos dos eventos. Un observador

A no puede satisfacer **la primera** condición necesaria y no puede probar que los relojes están sincronizados.

Cuando un reloj B muestra un momento en el tiempo t_B, entonces un reloj A muestra un momento en el tiempo t_{AB}.
Mira la figura 33.

El valor numérico de un momento en el tiempo t_B debe ser igual al valor numérico de un momento en el tiempo t_{AB}. Esta igualdad es **la segunda condición necesaria** para demostrar que los relojes están sincronizados. Esto significa que un observador B debe ver la coincidencia del momento del evento en el tiempo t_B con el momento del evento en el tiempo t_{AB}. En el análisis que hicimos, mostramos y probamos que un observador B no puede ver, y no puede probar, la coincidencia de estos dos eventos. Un observador B no puede satisfacer la **segunda** condición necesaria y no puede probar que los relojes están sincronizados.

Cuando un reloj A muestra un momento en el tiempo t'_A, entonces un reloj B muestra un momento en el tiempo t'_{BA}.
Mira la figura 33.

El valor numérico de un momento en el tiempo t'_A debe ser igual al valor numérico de un momento en el tiempo t'_{BA}. Esta igualdad es **la tercera condición necesaria** para demostrar que los relojes están sincronizados. Esto significa que un observador A debe haber visto la coincidencia de estos dos eventos. Coincidencia del evento de momento en el tiempo t'_A con el evento de momento en el tiempo t'_{BA}. En el análisis que hicimos, mostramos y probamos que un observador A no puede ver, y no puede probar, la coincidencia de estos dos eventos. Un observador A no puede cumplir **la tercera** condición necesaria y no puede probar que los relojes están sincronizados.

Nuestro análisis mostró que un observador A y un observador B no pueden cumplir las tres condiciones y no pueden sincronizar sus relojes.

Ahora, algunos de los lectores pueden objetar que hemos introducido tres nuevas condiciones para la operación síncrona, mientras que según Albert Einstein, para sincronizar los relojes, solo se necesita cumplir una condición, a saber:

$$t_B - t_A = t'_A - t_B$$

Sí, lo es.

De acuerdo con el método de Albert Einstein, si la igualdad es verdadera, entonces, t_B está en el medio del intervalo entre t_A y t'_A, por lo que los relojes están sincronizados.

Ahora a través de unas cuantas figuras, mostraremos dos cosas muy importantes:

Primero.

Mostraremos que el instante de tiempo t_B puede **estar** en la mitad del intervalo entre t_A y t_B, y sin embargo los relojes **no estarán** sincronizados.

Segundo.

Mostraremos que el instante de tiempo t_B puede **no estar** en el medio del intervalo entre t_A y y aún t'_A **tener** los relojes sincronizados.

Cuando veamos estas dos cosas, sabremos que el método de Albert Einstein es incorrecto.

Primero mostraremos relojes que funcionan sincrónicamente.

Consulte la figura 34.

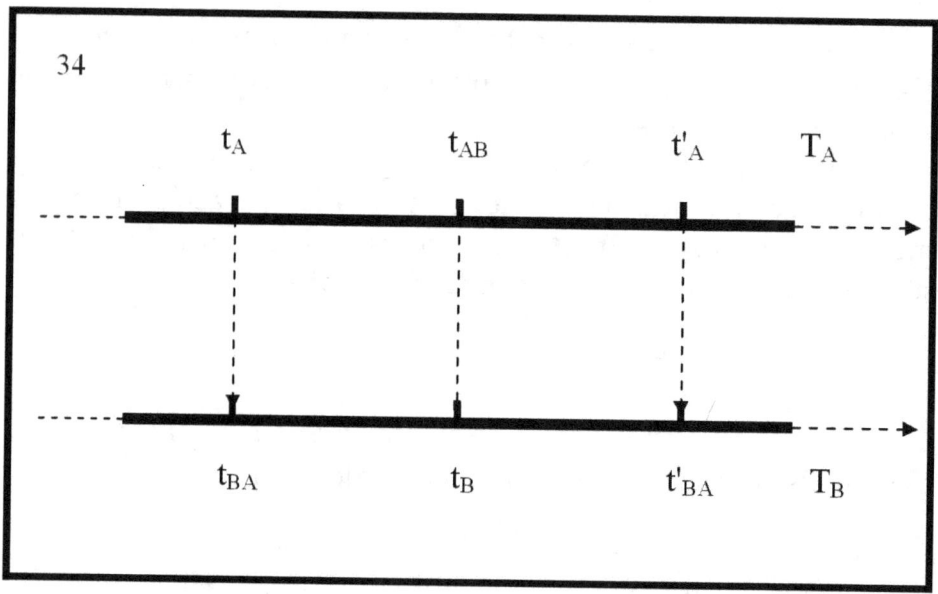

En la Figura 34, se muestran el vector de tiempo de reloj A a que es T_A, y el vector de tiempo de reloj a B que es T_B.

Los momentos de tiempo de reloj A y reloj B coinciden. Instante de tiempo t_B, es igual a instante de tiempo t_{AB}, y t_B está en el medio del intervalo entre t_A y t'_A. Se cumplen todas las condiciones para el funcionamiento síncrono de los relojes. Los relojes funcionan sincrónicamente.

En la siguiente figura se muestran nuevamente los vectores de tiempo y los instantes de tiempo de los dos relojes.

Consulte la Figura 35.

EL PRIMER ERROR DE EINSTEIN

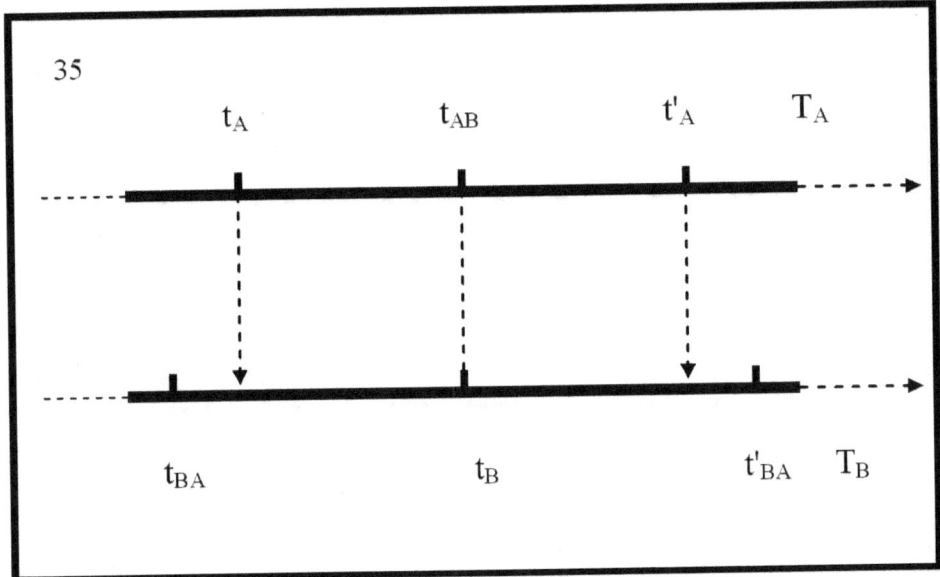

En la figura 35 se puede observar que el instante de tiempo t_A no coincide con el instante de tiempo t_{BA}, y el instante de tiempo t'_A no coincide con el instante de tiempo t'_{BA}. Sólo el instante de tiempo t_B, coincide con el instante de tiempo t_{AB}, y está en medio del intervalo entre t_A y t'_A. Según Albert Einstein, cuando él t_B está en el medio, los relojes se sincronizan. Pero vemos que no están sincronizados. Al realizar el experimento de Einstein, es posible obtener este resultado en el que el investigador no puede entender que hay un error.

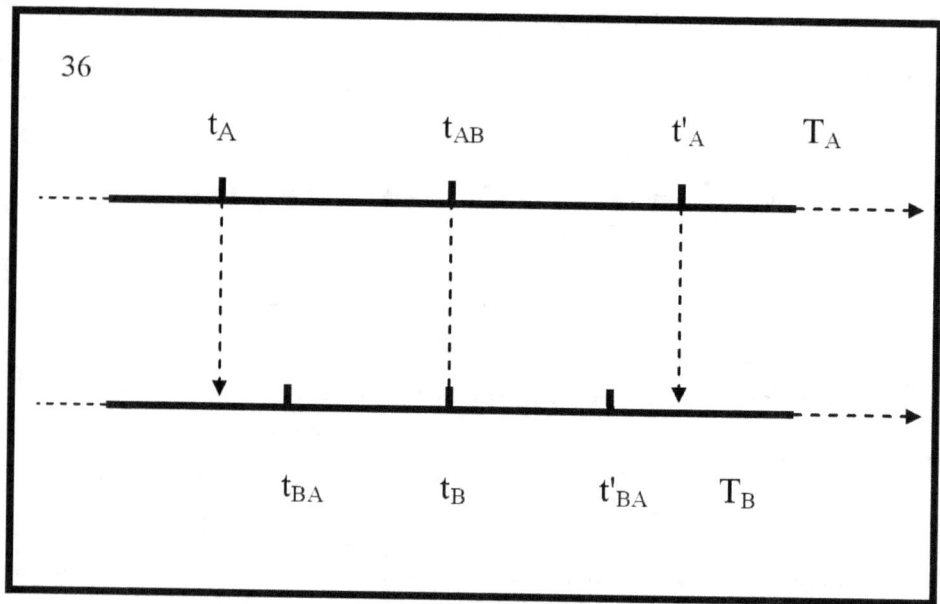

En la figura 36 vemos que el momento t_A no coincide con el momento t_{BA}, y el momento t'_A no coincide con el momento t'_{BA}. El momento t_B coincide con el momento t_{AB}, y está en medio del intervalo entre t_A y t'_A, pero los relojes no están sincronizados.
Ver figura 37.

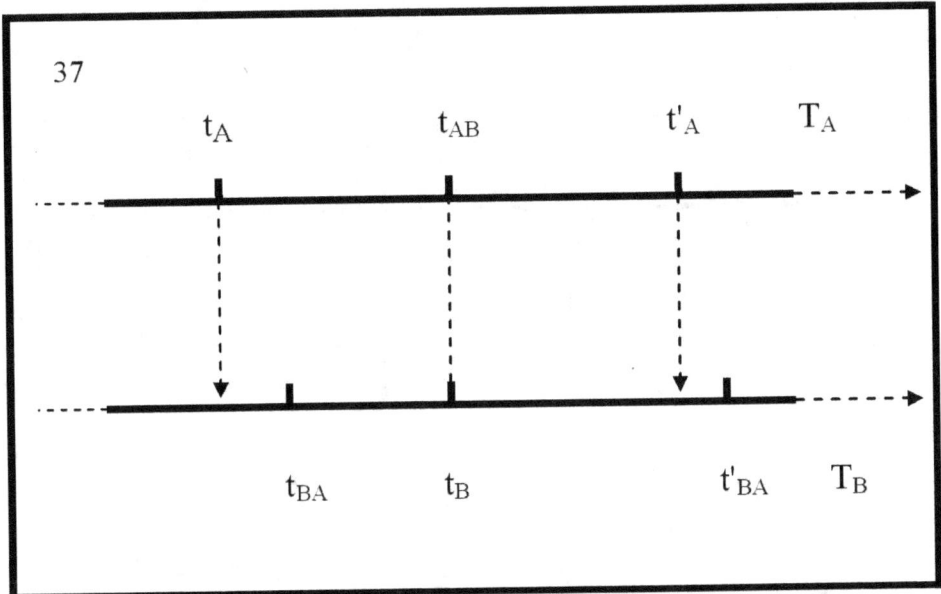

En la figura 37 vemos que el momento t_A no coincide con el momento t_{BA}, y el momento t'_A no coincide con el momento t'_{BA}. El momento t_B coincide con el momento t_{AB}, y está en medio del intervalo entre t_A y t'_A, pero los relojes no están sincronizados.

Ahora veamos la figura 38:

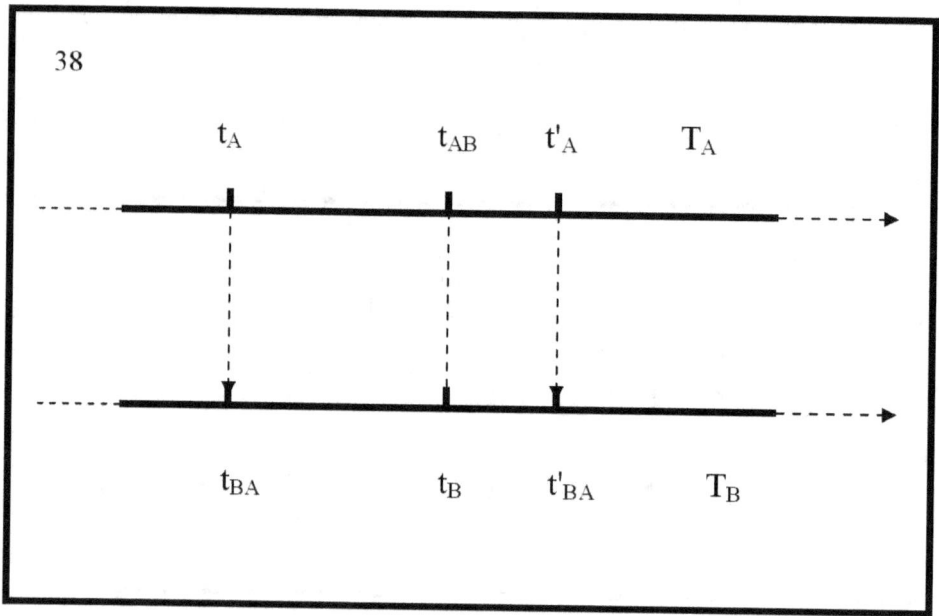

La Figura 38 muestra que el momento t_A coincide con el momento t_{BA} en que se cumple la primera condición, el momento t_B coincide con el momento t_{AB}, se cumple la segunda condición, el momento t'_A coincide con el momento t'_{BA}, se cumple la tercera condición.

Los tres momentos del tiempo en un reloj A coinciden con los tres momentos del tiempo en un reloj B, lo que significa que los **relojes están sincronizados**. Pero vemos que el momento t_B, que coincide con el momento t_{AB}, **no está** en medio del intervalo entre t_A y t'_A. Según Albert Einstein, si el instante t_B, no está en la mitad del intervalo entre t_A y t'_A, los relojes no están sincronizados. Se plantea la pregunta, ¿quién tiene razón? ¿Nosotros o Albert Einstein? Juzga por ti mismo.

Algunos de los lectores que lean lo que he escrito pueden objetar que estos son análisis muy detallados y un razonamiento innecesariamente complicado.

No estoy de acuerdo con tal objeción.

No estoy de acuerdo porque estamos analizando los

principios y fundamentos de la Tory of Relativity.

La Teoría de la Relatividad, en su forma completa, considera todos los efectos que están relacionados con el tiempo físico. En la Teoría de la Relatividad, el tiempo es una cantidad variable. La velocidad del tiempo es diferente y depende de la gravedad y la velocidad con la que los diferentes cuerpos físicos se mueven entre sí.

Por ejemplo, en la Teoría de la Relatividad, existe el fenómeno del agujero negro. En un agujero negro, la velocidad del tiempo es cero y cada segundo se convierte en un intervalo de tiempo infinitamente largo.

Por lo tanto, al sincronizar relojes que medirán el tiempo en la Teoría de la Relatividad, los métodos de sincronización deben ser muy precisos. Todas las acciones que se realizan y encaminadas a la sincronización deben ser analizadas cuidadosamente. No se permiten ambigüedades ni imprecisiones.

4. SOLUCIÓN AL PROBLEMA

Son posibles varios criterios para probar el funcionamiento síncrono de al menos dos relojes.

Es importante saber y recordar siempre que:

Primero:

La cantidad de criterios posibles para probar movimientos sincrónicos es infinitamente grande.

Ver "Tiempo. Espacio. Movimienot. Descansar. Relatividad. Absoluto" LAP LAMBERT Academic Publishing (2018-08-30)

Segundo:

La definición de criterios específicos la hace el investigador. La elección de un método específico depende de las tareas científicas y de investigación a resolver. La elección del camino (método) es siempre una convención, que es un acuerdo entre al menos dos investigadores.

Tercero:

El criterio de sincronicidad se aplica al estado de movimiento de al menos dos cosas. El criterio de sincronicidad no se puede aplicar al estado de reposo.

Cuarto:

El criterio para *el funcionamiento sincrónico* de al menos dos relojes es algo diferente del criterio para *la medición simultánea y precisa del tiempo* por parte de al menos dos relojes.

Consideraremos y analizaremos los criterios clásicos para verificar el funcionamiento sincrónico de al menos dos relojes. Con la ayuda de figuras, mostraremos cómo se sincronizan los

movimientos.
Ver Fig . 3 9.

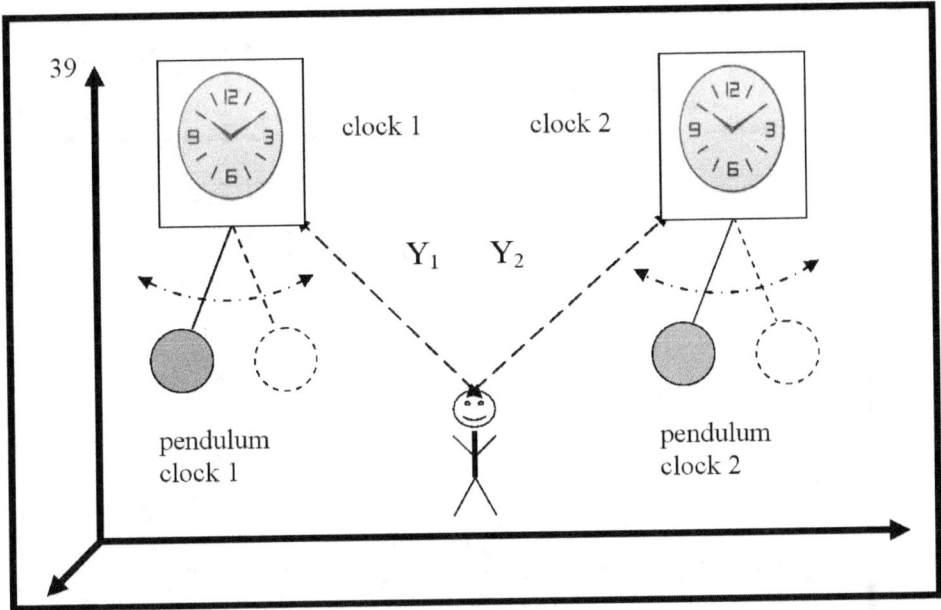

En la Figura 3 9, se ven dos relojes cíclicos mecánicos. Los relojes mecánicos cíclicos son aquellos que tienen un péndulo.

Ver "Tiempo. Espacio. Movimienot. Descansar. Relatividad. Absoluto" LAP LAMBERT Academic Publishing (2018-08-30)

ve un observador que equidista de los relojes. La distancia Y_1 es igual a la distancia Y_2.

El observador se posiciona en relación con los relojes de una manera definida con precisión. La forma en que se coloca el observador le permite ver el reloj de péndulo uno y el reloj de péndulo dos.

Clock Pendulum One y Clock Pendulum Two se colocan en el extremo izquierdo.

La línea punteada muestra la posición más a la derecha en la que el péndulo oscilará en el reloj uno y la posición más a la derecha en la que el péndulo oscilará en el reloj dos.

En la posición extrema derecha y en la posición extrema izquierda, el reloj de péndulo uno y el reloj de péndulo dos están en reposo.

En el caso general, los relojes pueden estar desincronizados, y entonces el péndulo del reloj uno y el péndulo del reloj dos se mueven en relación con el observador de manera escalonada.

Consulte la Figura 40.

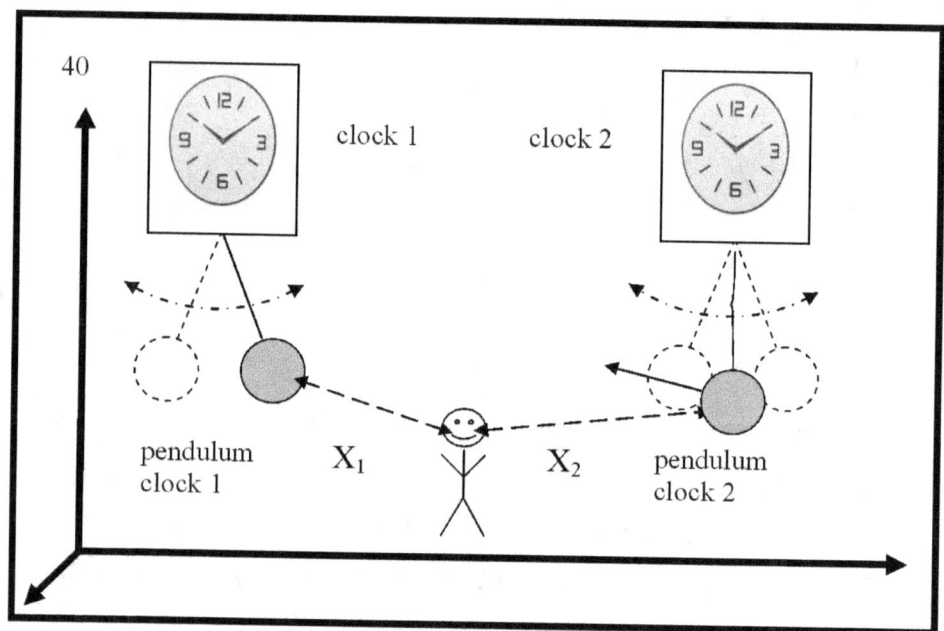

La figura 40 muestra que el reloj de péndulo uno está en reposo con respecto al observador. Pero, en la figura, se muestra que el péndulo del reloj dos, sigue moviéndose y se acerca al observador. La distancia X_1 es menor que la distancia X_2.

En este caso, el observador debe realizar las acciones necesarias para obtener una coincidencia del evento "estado de reposo del péndulo uno" con el evento "estado de reposo del péndulo dos". Esto se puede hacer de diferentes maneras. No describiremos los procedimientos que se deben realizar para obtener eventos coincidentes. Analizaremos un método para comprobar el funcionamiento sincrónico de los dos relojes.

Consideraremos un caso experimental donde se supone que los relojes están sincronizados y necesitan ser verificados.

Ver Figura 41

EL PRIMER ERROR DE EINSTEIN

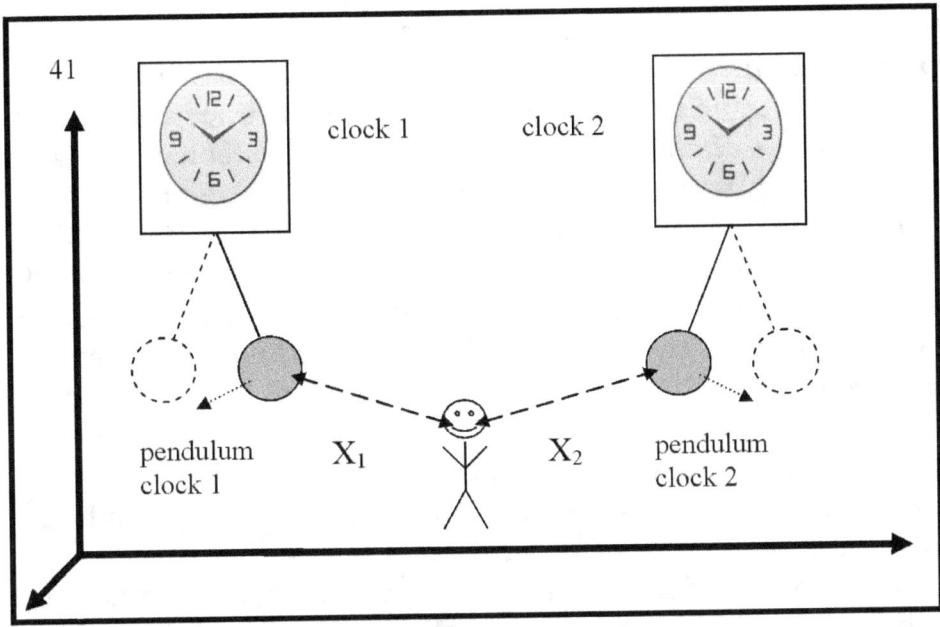

La figura 41 muestra el reloj de péndulo uno y el reloj de péndulo dos moviéndose en direcciones opuestas. Cuando el péndulo del reloj uno se mueve hacia la izquierda, el péndulo del reloj dos se mueve hacia la derecha. El observador observa el movimiento de los péndulos de los dos relojes El observador debe determinar que el movimiento de los dos péndulos es sincrónico. El observador debe seleccionar los criterios para el movimiento sincrónico del péndulo uno y el péndulo dos. Esto se hace de la siguiente manera.

El observador nota que cuando el reloj de péndulo uno está más cerca del observador, el reloj de péndulo uno está en reposo en relación con el observador y luego comienza a moverse en la dirección opuesta.

Cuando el reloj de péndulo dos está más cerca del observador, el reloj de péndulo dos está en reposo en relación con el observador y luego comienza a moverse en la dirección opuesta. El estado de las habitaciones en el dormitorio y el estado de las habitaciones en el dormitorio dos son dos sucesos diferentes. El observador tiene la oportunidad de observar y verificar la coincidencia de los dos eventos.

Cuando ocurre una coincidencia de los dos eventos, el observador fusiona los dos eventos en un nuevo evento que se denomina "coincidencia de un *evento de péndulo en reposo uno* con un *evento de péndulo en reposo dos* ". El evento "coincidencia de un evento en *reposo del péndulo uno* con un evento en *reposo del péndulo dos* " es una condición necesaria para que el observador demuestre que el movimiento del péndulo uno es sincrónico con el movimiento del péndulo dos. Pero eso no es suficiente. Una condición suficiente es cuando el evento "coincidencia del evento de *reposo del péndulo uno* con el evento de *reposo del péndulo dos* " ocurre una vez más. Esto debe hacerse en el siguiente ciclo de oscilación del péndulo uno y el péndulo dos.

El observador sabe que el movimiento del péndulo del reloj uno y el reloj dos aún no está sincronizado, por lo tanto, el observador continúa monitoreando cuidadosamente el movimiento del péndulo uno y el péndulo dos. El observador espera que en el próximo ciclo, de movimiento del péndulo uno y del péndulo dos, por segunda vez, nuevamente, ocurra el evento "coincidencia del *reposo del péndulo uno* con el *reposo del péndulo dos* ".

péndulo en reposo uno con el *péndulo en reposo dos* " ocurre una vez más (por segunda vez de la misma manera) entonces el observador puede concluir que el movimiento del péndulo uno, es sincrónico con el movimiento del péndulo dos.

Es importante saber y recordar que el observador puede observar el evento "coincidencia del *péndulo en reposo uno* con el *péndulo en reposo dos* " si y solo porque (y cuando) se encuentra **equidistante** de los dos relojes. Si no se cumple esta condición, el partido no podrá ser observado.

El criterio mostrado para los movimientos síncronos es elemental. Son posibles criterios considerablemente más complejos. La elección es del investigador.

Hemos descrito con gran detalle un método por el cual es posible determinar los movimientos sincrónicos y el funcionamiento sincrónico de dos relojes.

En los criterios especificados que usamos, el concepto de

tiempo no se usa en ninguna parte. Esto se hace deliberadamente. Los movimientos sincrónicos (movimiento a través del espacio) no necesitan la idea del tiempo físico para ser probados o refutados.

El fenómeno del tiempo necesita movimientos sincrónicos probados. Cuando se demuestran los movimientos sincrónicos, es posible analizar el fenómeno del tiempo físico.

5. ANÁLISIS
02.02.2022.

Esta discusión se hizo el día dos de febrero de dos mil veintidós. Es divertido.

En 1905, Einstein publicó el artículo " Zur electrodinámica agente de mudanzas Kö rper ", Annalen der Física , 1905 17, 891-921 .
En el párrafo dos del artículo, Einstein define dos principios de la Relatividad Especial, como sigue:

Primer principio.

Las leyes por las que cambian los estados de los sistemas físicos no dependen de a cuál de los dos sistemas en movimiento rectilíneo uniforme entre sí se refieren estos cambios.

Segundo principio.

Todo rayo de luz se mueve en un sistema de coordenadas en reposo con una cierta velocidad V , independientemente de si este rayo se emite desde un cuerpo en reposo o en movimiento.
Además, $velocity = \frac{beam..path}{time..interval}$ como "intervalo de tiempo" debe entenderse en el sentido de la definición del apartado uno".

Nota: ($velocity = \frac{beam..path}{time..interval}$) = (velocidad = trayectoria del haz / intervalo de tiempo)

Pero , lamento notar que en el párrafo uno, Einstein no da una definición de " **intervalo de tiempo** ". Peor aún, en el párrafo uno

de Einstein , ni una sola vez, utiliza el término " **intervalo de tiempo** ". Y, sin embargo, Einstein insistió en que **un intervalo de tiempo** debe entenderse en el sentido del párrafo uno.
Que significa la frase:

"... se entenderá en el sentido de la definición del párrafo primero".

Esto no puede ser una definición. Esta forma de hacer análisis no es correcta. Esto conduce a malentendidos y una serie de errores. Esto significa que cuando diferentes investigadores lean el párrafo uno, obtendrán diferentes ideas sobre un **intervalo de tiempo** . Cuando tengan ideas diferentes, pensarán de manera diferente sobre **el intervalo de tiempo** . Así es, no debería pasar. Las personas son diferentes y perciben la información mat de manera diferente. Esto es perfectamente normal, y siempre lo será. Esta es la razón por la cual cada investigador debe ofrecer definiciones lo más claras, precisas y breves posibles.

Luego el lector lee la definición, y se crea en su mente una idea clara del fenómeno que se define . Cuando las representaciones de dos investigadores son claras, estas dos representaciones pueden ser idénticas. Este es el propósito de cada definición que se crea en la ciencia.

Einstein no logró este objetivo. Tengo la sensación de que, por alguna razón, no se impuso tal tarea, y como si deliberadamente no ofreciera una definición del concepto de "intervalo de tiempo". Algunos lectores pueden argumentar que esto no es tan importante y que no importa para la Teoría Especial de la Relatividad. Responderé así: estoy categóricamente en desacuerdo. **El intervalo de tiempo** es un concepto fundamental e importante en la Relatividad Especial, quizás el más importante de los dos principios. **El intervalo de tiempo** juega un papel clave en la creación del aparato matemático de la Teoría Especial de la Relatividad. Las expresiones matemáticas son elementales, y es fácil ver que cuando se crea la Teoría de la Relatividad, el " **intervalo de tiempo** " se convierte en **tiempo físico** , a través de la fórmula de Lorentz. Einstein fue el primero en proponer una definición del concepto de tiempo físico. En mi opinión, esta es su principal contribución a la ciencia. El tiempo físico es un concepto fundamental (básico, importante) en la Teoría Especial de la Relatividad, en la Teoría General de la Relatividad y en la ciencia de la física. Nadie antes de Einstein había planteado la hipótesis de que existiera el fenómeno del TIEMPO FÍSICO.

Einstein expresó esta hipótesis en 1910 en el artículo " Le principe de relativite ses consecuencies dans physique moderne ". En este trabajo, Einstein utilizó intervalos de tiempo ya través de ellos creó la hipótesis del TIEMPO FÍSICO.

Por lo tanto , al definir el término "intervalo de tiempo", la definición debe ser perfectamente clara, perfectamente precisa, perfectamente precisa. Cuando la claridad, la precisión y la precisión están ausentes, significa que pueden estar presentes hipótesis ocultas y verdades axiomáticas detalladas, o definiciones a medias. Es entonces cuando aparecen los mayores errores y falacias de la ciencia.

En la fórmula especificada $t_B - t_A = t'_A - t'_B$, se define el intervalo de tiempo, solo y solo para un reloj A. En la fórmula dada, no hay intervalo de tiempo de reloj B. El intervalo de tiempo para clock A, se usa en forma oculta, y para clock B. Esto es exactamente lo que se llama una hipótesis oculta. En la primera parte del artículo trato de mostrar cuáles son las consecuencias de esta hipótesis oculta. Según Einstein, los relojes están sincronizados, pero del análisis que hemos hecho, está muy claro que los relojes pueden no estar sincronizados. Este es un ejemplo clásico de cómo una inexactitud conduce a la incertidumbre en toda la hipótesis. Esta indeterminación se convierte en una incorrección y tiene graves consecuencias para la Relatividad Especial , la Relatividad General y la ciencia de la física.

Muchos investigadores diferentes han analizado la Teoría Especial de la Relatividad y han mostrado su actitud personal hacia la hipótesis de Einstein. Una parte son partidarios, otra parte son opositores. Ambos coinciden en que los dos principios son los más importantes y son la base de la Teoría Especial de la Relatividad. Pero ambos cometen muy a menudo el mismo error, es decir, no citan el segundo principio completo. No se dan cuenta de que la última oración del principio es parte del principio mismo y representa un **intervalo de tiempo**. Si lo citan, no prestan atención a lo dicho y no lo analizan.

Una vez más el segundo principio:

Cada rayo de luz se mueve en un sistema de coordenadas en reposo con una cierta velocidad V, independientemente de si este rayo se emite desde un cuerpo en reposo o en movimiento. Además $velocity = \dfrac{beam..path}{time..interval}$, como "intervalo de tiempo" debe entenderse en el sentido de la definición del apartado uno".

En la última oración del segundo principio (el rojo), Einstein usó primero el término "**intervalo de tiempo**", e inmediatamente después afirmó que "**intervalo de tiempo**" estaba definido en el párrafo uno. He leído el párrafo uno con mucho cuidado y repetidamente. Quería encontrar una definición de "intervalo de tiempo". Desafortunadamente, no encontré tal definición. Si algún lector tiene éxito, por favor interviene. Estaré agradecido.

No puedo aceptar una definición como la que se propone de esta manera. El concepto **de intervalo de tiempo o** necesita una definición que tenga rango de principio, con respecto a la Teoría de la Relatividad. En la Teoría de la Relatividad, un "**intervalo de tiempo**" es alguna determinada CANTIDAD DE TIEMPO medida, de TIEMPO FÍSICO DE CALIDAD. Donde la CALIDAD DEL TIEMPO FÍSICO es relativa. El fenómeno "**intervalo de tiempo**" está presente en TODA UNA ACTUALIDAD INFINITA. Está presente de manera absolutamente simultánea y está relacionado con la categoría filosófica TIEMPO y el fenómeno objetivamente existente TIEMPO.

****

El intervalo se define para un solo reloj, y este intervalo debe ser igual al intervalo del otro reloj. Aquí surge la pregunta, ¿qué significa la igualdad de dos intervalos de tiempo? Siempre debe probarse la coincidencia de dos puntos en el tiempo. La hora de inicio del primer intervalo debe coincidir con la hora de inicio del segundo intervalo y la hora de finalización del primer intervalo debe coincidir con la hora de finalización del segundo intervalo. A esto se le llama coincidencia de eventos en el tiempo, que es una idea perfecta de Einstein. Cuando se prueba la coincidencia, entonces es posible afirmar que los dos intervalos son iguales. Este es el juicio, y en la cabeza humana se crea una idea de igualdad de dos intervalos de tiempo. Siempre hay que recordar que la idea de algo es diferente de la cosa misma. El concepto de tiempo es diferente del fenómeno del tiempo. Digo esto porque estoy firmemente convencido de que la idea del **fenómeno del tiempo físico** es completamente diferente de la idea del fenómeno **del tiempo filosófico**. La categoría filosófica **de tiempo** designa un fenómeno de la realidad que es fundamentalmente diferente del tiempo físico de Einstein. El desarrollo moderno de la física muestra que este hecho no se tiene en cuenta.

****

medición de una **cantidad de tiempo** se realiza mediante un " **intervalo de tiempo** " y se utiliza para medir distancias. Cuando se mide una distancia, se utiliza un estándar. Cada punto de referencia (para la distancia) tiene dos puntos finales. Los dos extremos del cupón coinciden con dos puntos de la EFICACIA INFINITA ÚNICA.

La coincidencia de puntos en el Espacio es absoluta. La coincidencia de dos puntos de una recta con dos puntos de otra recta es siempre absolutamente simultánea. Es **la ocurrencia de eventos en el tiempo**. La coincidencia de estos puntos no necesita la hipótesis del tiempo relativo. Cuando el estandarte no se mueve, la coincidencia de puntos aquí y ahora debe ser absolutamente simultánea con la coincidencia de puntos allá y ahora.
La declaración verdadera es:

Entonces, **aquí y ahora**, tenemos una coincidencia con, **allí y ahora**.

Allí y ahora es según el reloj, **aquí y ahora**. Cuando las distancias tienden a ser infinitamente grandes o infinitamente pequeñas, determinar un intervalo **de tiempo** es una tarea difícil. Y si no hay una definición precisa, **el intervalo de tiempo** se convierte en una utopía.

6 ANÁLISIS 22022022

Este análisis se realizó el veintidós de febrero de dos mil veintidós. Otra divertida coincidencia.

En su análisis, Einstein utilizó los conceptos de tiempo, espacio, intervalo de tiempo, instante de tiempo, criterio de sincronización, reloj y medida del tiempo. Einstein utilizó conceptos con la idea de que los conceptos son extremadamente claros, comprensibles y no necesitan explicación. Pero esto no es así. Los conceptos enumerados sirven para denotar ciertos fenómenos físicos. Los **fenómenos** físicos existen objetivamente. Existente objetivamente significa que los fenómenos son independientes de la conciencia (pensamiento humano) y que están fuera de la conciencia humana y que no son un producto de la conciencia humana. Los fenómenos físicos tienen una cierta esencia. La esencia de cualquier fenómeno particular es un conjunto de partes individuales. Cada parte tiene una propiedad determinada. Cada propiedad es una forma de movimiento o una forma de reposo.

La suma de las partes individuales pertenece a una esencia total . La conciencia refleja el fenómeno y su esencia. Pensar es una forma superior de reflexión (busque en Internet "Teoría de la reflexión" Académico Todor Pavlov). El proceso de pensar cubre alguna parte del conjunto infinito de conexiones posibles entre las propiedades de las partes, de la esencia del fenómeno. Estas son posibles relaciones entre formas de movimiento y formas de reposo. Pensar, como una forma superior de reflexión, de un sujeto particular es singular, singular, lo que significa que es absoluto. Esto significa que en la ÚNICA REALIDAD INFINITA, no hay dos entidades que piensen igual. Cada entidad particular es singular, absoluta y refleja la ÚNICA ACTUALIDAD INFINITA, a su manera propia y subjetivamente única. Como resultado de la reflexión, aparecen en la mente del sujeto ideas sobre la forma y el contenido del **concepto** , mediante las cuales se designa objetivamente el fenómeno existente. Los sujetos analizan y comunican a través de conceptos concretos. La forma del concepto concreto usado por diferentes sujetos es la misma (es la misma palabra), pero el contenido del concepto concreto usado por diferentes sujetos es diferente. La ciencia humana es el resultado de realizar análisis subjetivos colectivos y de dar forma a conclusiones específicas a través de conceptos específicos. Los sujetos declaran que las conclusiones concretas y los conceptos concretos son verdad subjetiva (hipótesis), y esto es una convención, un contrato de verdad subjetiva, que es una hipótesis. En la hipótesis están presentes los mismos conceptos con diferentes contenidos. La presencia de conceptos con diferentes contenidos significa que hay presencia de hipótesis axiomáticas ocultas.

Una de las tareas importantes de la ciencia humana es la determinación y eliminación de verdades ocultas, implícitas, axiomáticas y subjetivas.

La física moderna está llena de hipótesis arbitrarias que se ocultan en toda la ciencia humana. Esta es una falla importante que puede superarse mediante el uso de métodos científicos apropiados. La Teoría del Conocimiento (epistemología) nos remite a la ciencia de la Filosofía, que es Metodología en relación con las ciencias privadas. Usaré este hecho para crear un entorno de definición adecuado. El entorno de definición es una suma de definiciones de conceptos físicos importantes y reglas sobre cómo se utilizan las definiciones.

7. ENTORNO DE DEFINICIÓN

Definición uno.
categoría filosófica TIEMPO sirve para denotar el **fenómeno del** TIEMPO.

Definición dos.
El fenómeno del TIEMPO **existe** independientemente de **la conciencia** .

Definición tres.
El fenómeno del TIEMPO es **un atributo** de la ÚNICA ACTUALIDAD INFINITA.

Definición cuatro.
Un "Intervalo de tiempo" es una **cantidad de** TIEMPO.

Definición cinco.
cantidad específica de TIEMPO pertenece a una **sola calidad** TIEMPO

Definición seis.
Definir TIEMPO **de calidad** es una convención.

Definición siete.
Todo acontecimiento es un **fenómeno que** posee una **esencia.**

El entorno de definición es necesario para el análisis del fenómeno TIEMPO. Se permite cambiar el entorno de definición, o cambiarlo completamente, lo cual es una nueva convención.

Pero debe estar presente al comienzo de todo análisis. Si no, el análisis es imposible.

8. EXPLICACIONES AL ENTORNO DE DEFINICIÓN.

A la definición uno.
categoría filosófica TIEMPO sirve para denotar el **fenómeno del** TIEMPO.

Explicación:
En la ciencia de la Filosofía existen conceptos básicos importantes que se denominan **categorías** . El concepto de TIEMPO es una *categoría filosófica* . El concepto de **fenómeno** es una categoría filosófica perteneciente al sistema Lógico Dialéctico. La Lógica Dialéctica es una parte del conocimiento filosófico que define el desarrollo del Espíritu absoluto (ver Hegel "Fenomenología del Espíritu")

A la definición dos.
El fenómeno del TIEMPO **existe** independientemente de **la conciencia** .

Explicación:
Cuando y si **la conciencia** desaparece, el TIEMPO seguirá **existiendo** . Los conceptos de **conciencia** y **existencia** son categorías filosóficas definidas en la Teoría de la Reflexión. La teoría de la reflexión es una parte del conocimiento filosófico que se ocupa del estudio de la REFLEXIÓN como **propiedad principal** de la ACTUALIDAD INFINITA ÚNICA. La propiedad de REFLEJO es la causa del DESARROLLO del ESPÍRITU ABSOLUTO y de la

MATERIA. En la Filosofía de la ciencia, la propiedad principal de la **cosa** se denota por **el atributo categoría.** Cuando y si la **cosa** es despojada del atributo, entonces la **cosa** deja de **existir.**
La categoría filosófica **existe,** pertenece a la Teoría de la Reflexión (Ver Internet, Académico Todor Pavlov "Teoría de la Reflexión").
La existencia vingi está en el ESPACIO y en el TIEMPO.
Los conceptos ESPACIO, MATERIA, ESPÍRITU ABSOLUTO son categorías de la filosofía.
La categoría ÚNICA ACTUALIDAD INFINITA sirve para denotar la multitud infinita de **objetos** y **sujetos** (ver " Tiempo . Espacio . Movimiento . Reposo . Relatividad . Absoluto " Editorial Lambert 2018 "). Los conceptos de **objeto** y **sujeto** son categorías filosóficas que se analizan, definen y pertenecen a la Teoría de la Reflexión.
Las categorías **algo** y **nada** pertenecen al sistema dialéctico.

A la definición tres.
El fenómeno del TIEMPO es **un atributo** de la ÚNICA ACTUALIDAD INFINITA.

Explicación:
atributo de categoría filosófica denota una propiedad irrevocable. Todo **fenómeno** tiene una propiedad irrevocable. Ya he dicho que cuando se le quita **al fenómeno la propiedad irrevocable , el fenómeno** deja de **existir** . Cuando se le quita el atributo TIEMPO a la ÚNICA ACTUALIDAD INFINITA, la ÚNICA ACTUALIDAD INFINITA deja de existir.

A la definición cuatro.
Un "Intervalo de tiempo" es una **cantidad de** TIEMPO.

Explicación:
El "intervalo de tiempo" se mide con un dispositivo de medición de TIEMPO. El dispositivo de medición del TIEMPO mide una **cantidad de** tiempo. El dispositivo de medición del TIEMPO se llama reloj. **La cantidad** de relojes **posibles** , en la ÚNICA REALIDAD INFINITA, es infinitamente grande.

A la definición cinco.

cantidad específica de TIEMPO pertenece a una **sola calidad** TIEMPO

Explicación:
El tipo TIEMPO es TIEMPO **cualitativamente** definido.
Por ejemplo, el TIEMPO relativo es TIEMPO de **calidad**, el TIEMPO absoluto es otro TIEMPO de **calidad**, el TIEMPO físico de Einstein es TIEMPO de **calidad**, el TIEMPO lógico es TIEMPO **de calidad**. Se pueden enumerar más...

A la definición seis.
Definir TIEMPO **de calidad** es una convención.

Explicaciones:
En 1898, Poincaré publicó un artículo. (" Tiempo medida .") «Revue de Metaphysique et de Morale» (1898, t. VI, p. 1 -13).

Este es un maravilloso análisis de los problemas que surgen al determinar las formas de medir el tiempo. En el proceso de análisis, Poincaré examina varias reglas que se pueden utilizar y extrae dos conclusiones esenciales:

"En esta discusión me gustaría llamar la atención sobre dos puntos.
1. Las normas aplicables son bastante variadas.
2. Es difícil separar el problema cualitativo de la simultaneidad del problema cuantitativo de la medida del tiempo».

En el lejano año 1898, lo dicho por Poincaré es una verdadera profecía de lo que sucede ahora, en el año 2022. Poincaré muestra los problemas que surgen al estudiar el fenómeno del TIEMPO. Estos son problemas que detienen el desarrollo de la física y de toda la ciencia moderna.

Y cuando Poincaré examina una vez más los intervalos de tiempo, dice:

"Debemos sacar la siguiente conclusión. No podemos determinar directamente por intuición ni la simultaneidad ni la igualdad de dos intervalos de tiempo. Si creemos que tenemos tal intuición, nos

engañamos. Lo reemplazamos con algunas reglas que casi siempre usamos sin darnos cuenta".

¡Poincaré dijo esto en 1898! Esto fue ocho años antes de 1905, cuando Einstein publicó su primer artículo sobre la Teoría de la Relatividad (" Zur electrodinámica agente de mudanzas Körper "). En este artículo, Einstein comenzó a pensar en un intervalo de tiempo y trató de crear una definición de intervalo de tiempo. Pero Einstein no tuvo éxito. Mi opinión personal es que Poincaré sabía mucho más que Einstein. Poincaré era muy consciente de los problemas a resolver al analizar el fenómeno del TIEMPO. Fue este conocimiento lo que impidió que Poincaré creara la Teoría de la Relatividad de la forma en que Einstein creó la teoría. Einstein tenía una comprensión intuitiva del fenómeno del TIEMPO.

Y precisamente por eso, según Poincaré, el conocimiento intuitivo del tiempo debe ser reemplazado por reglas para medir el tiempo. Cuando aparecen las reglas de medición del tiempo, aparece la **convención de calidad** TIME .

Las reglas son definiciones, la convención es un dominio de definiciones. El área de definición define TIEMPO de calidad. Las reglas presentadas en la convención deben cumplir con ciertos requisitos.

Estas son las palabras de Poincaré:

"¿Cuál es la esencia de estas reglas?
No hay una regla general. Hay muchas reglas privadas que se utilizan en cada caso específico. Estas reglas no se nos imponen, y podemos inventar otras. Pero no se pueden cambiar cuando complican la formulación de leyes físicas, leyes de la mecánica y astronomía. Por lo tanto, elegimos estas reglas no porque sean ciertas, sino porque son las más convenientes, y podemos resumirlas de la siguiente manera:

La simultaneidad de dos acontecimientos, o el orden de su sucesión, debe determinarse, por la igualdad de dos duraciones, para que la formulación de las leyes naturales sea lo más sencilla posible. En otras palabras, todas estas reglas, todas estas definiciones, son sólo fruto de acuerdos inconscientes .

Hace más de cien años, Poincaré creó un programa para el desarrollo futuro de hipótesis sobre el fenómeno del TIEMPO. Este programa debe usarse ahora. Estoy de acuerdo con el análisis de Poincaré y comparto sus ideas sobre el desarrollo de la ciencia que estudia el fenómeno del TIEMPO. Los análisis de Poincaré contienen una enorme carga heurística. Estas son ideas rectoras que debemos seguir quienes analizamos el fenómeno del TIEMPO.

A la definición siete.
Todo acontecimiento es un **fenómeno que** posee una **esencia.**

Explicación:
En el artículo " Zur electrodinámica agente de mudanzas Körper " escrito en 1905 , Albert Einstein introdujo el término "coincidencia de eventos" y sugirió que se usara para definir la simultaneidad de eventos. Esto es lo que dice:

"Si un reloj está ubicado en un punto A en el espacio, entonces el observador, ubicado en A , puede determinar el tiempo de los eventos en la vecindad inmediata de A preguntando por la coincidencia de las posiciones de las manecillas del reloj que son simultáneas. con estos hechos".

Se entiende del texto que Einstein está tratando de **establecer el tiempo de los eventos** que están ubicados cerca del reloj A por las posiciones de las manecillas del reloj. El juicio de Einstein es bastante intuitivo, poco claro y necesita más análisis.
Einstein habló de numerosos eventos que ocurren en las proximidades de un reloj. Cada uno de estos eventos coincide con la posición de las manecillas del reloj. Einstein no notó que en este caso, la "posición de las manecillas del reloj" representa un evento que está ocurriendo. Pero entonces, estas son dos ocurrencias, de dos eventos independientes que coinciden. Esto le da a Einstein una razón para llamarlos simultáneos. Entonces, la coincidencia de al menos dos eventos, uno de los cuales es la posición de las manecillas de **un solo** reloj, define al menos un momento en el tiempo. Esta es una muy buena idea de Einstein, que usaremos

todo el tiempo. Y entonces, **aparecen los acontecimientos** (aparece un fenómeno), con una **esencia** que es la coincidencia. El evento 'posición del reloj' tiene un valor numérico. El valor numérico aparece en el reloj y se asigna al evento "posición de las manecillas del reloj". Los dos acontecimientos, que son dos **fenómenos**, tienen la misma **esencia**, lo que se designa como coincidencia.

Y entonces la coincidencia tiene el mismo valor numérico específico, y se llama un **momento de tiempo**.

Por lo general, se denota por T_n o t_n, donde, $n = 0,1,2,3,....\infty$

Un momento en el tiempo es siempre el comienzo o el final de algún **intervalo de tiempo**. Se permite que se desconozca el comienzo o el final del **intervalo de tiempo** concreto, y luego el investigador no comenta ni el final ni el comienzo.

9. CONCLUSIÓN

Se puede decir que lo que he escrito no es tan importante, y la Relatividad Especial es correcta.

Argumentaré muy brevemente:

La relatividad especial es una teoría del tiempo físico. El tiempo físico fue definido por Einstein. El tiempo físico es relativo. El método de Einstein utiliza una expresión matemática simple:

$$t_B - t_A = t'_A - t_B$$

A través de esta expresión, Einstein definió el concepto de " *intervalo de tiempo* ".

En Relatividad Especial, " *intervalo de tiempo* " se convierte en " *tiempo físico* ". Cuando hay duda de que **el intervalo de tiempo** es incorrecto, significa que el tiempo físico es incorrecto y que la Relatividad Especial es incorrecta.

www.ingramcontent.com/pod-product-compliance
Lightning Source LLC
Chambersburg PA
CBHW070304220526
45465CB00004B/1734